PyTorch
自然语言处理
入门与实战

孙小文 王薪宇 杨谈 / 著

人民邮电出版社

北京

图书在版编目（ＣＩＰ）数据

PyTorch自然语言处理入门与实战 / 孙小文，王薪宇，杨谈著. -- 北京：人民邮电出版社，2022.11
ISBN 978-7-115-59525-6

Ⅰ．①P… Ⅱ．①孙… ②王… ③杨… Ⅲ．①自然语言处理 Ⅳ．①TP391

中国版本图书馆CIP数据核字(2022)第108092号

内 容 提 要

这是一本运用 PyTorch 探索自然语言处理与机器学习的书，从入门到实战，循序渐进地带领读者实践并掌握自然语言处理的相关内容。本书首先对自然语言处理进行了概述，并介绍了Python自然语言处理基础；然后介绍了什么是PyTorch和PyTorch的基本使用方法；接着介绍了多种机器学习技术及其在自然语言处理中的应用，包括RNN、词嵌入、Seq2seq、注意力机制、Transformer 和预训练语言模型；最后介绍了用自然语言处理实现的两个项目，即"中文地址解析"和"诗句补充"。

本书适合从事人工智能、机器学习、语言处理、文本大数据等技术开发和研究的工程师与研究人员，以及高等院校计算机、语言技术等相关专业的学生阅读参考。

◆ 著　　　　孙小文　王薪宇　杨　谈

责任编辑　赵祥妮

责任印制　陈　犇

◆ 人民邮电出版社出版发行　　北京市丰台区成寿寺路 11 号

邮编　100164　电子邮件　315@ptpress.com.cn

网址　https://www.ptpress.com.cn

大厂回族自治县聚鑫印刷有限责任公司印刷

◆ 开本：787×1092　1/16

印张：17.5　　　　　　　　2022 年 11 月第 1 版

字数：399 千字　　　　　　2022 年 11 月河北第 1 次印刷

定价：79.90 元

读者服务热线：(010)81055410　印装质量热线：(010)81055316
反盗版热线：(010)81055315
广告经营许可证：京东市监广登字 20170147 号

前　　言

自然语言处理领域有什么前途

　　自然语言处理是目前人工智能领域中最受人瞩目的研究方向之一，发展非常迅速。自然语言处理又是一个非常开放的领域，每年都有大量的可以免费阅读的论文、可以自由下载和使用的开源代码被发布在互联网上。感谢这些致力于自然语言处理研究，又乐于分享的研究者和开发者，使我们有机会学习这一领域最新的研究成果，理解自然语言处理领域中的精妙原理，并能够在开源代码库的基础上创建一些美妙的应用。

　　如果没有他们的努力和奉献，无法想象我们仅仅通过两行代码[1]，就能在几秒内定义和创建一个包含超过 1 亿参数的模型，并下载和加载预训练参数（耗时数分钟，具体时间根据网速而定）。这些预训练参数往往是使用性能强大的图形处理单元（Graphics Processing Unit,GPU）在海量的数据中训练数天才能得到的。

　　即使拥有性能强大的 GPU，要获取海量训练数据，或者进行长时间的训练也都是困难的，但是借助公开发布的预训练权重，仅仅需要两行代码就都可以做到。同时还可以在能接受的时间内对模型进行 Fine-tuning（微调）训练，加载与训练参数后，再使用目标场景的数据训练，使模型更符合实际的应用场景。

　　如果你没有 GPU，或者只有一台性能一般的家用计算机，也完全可以比较快速地使用模型去完成一些通用的任务，或者在一定的数据中训练一些不太复杂的模型。

　　自然语言处理越来越丰富的应用正在改变我们的生活。从语音合成、语音识别、机器翻译，到视觉文本联合，越来越精确的自然语言理解让更多事情成为可能。现在的人工智能技术使计算机可以用越来越接近人类的方式去处理和使用自然语言。

　　更令人兴奋的是，这些事情我们也可以借助开源代码去实现，并根据大量公开的论文、文档和示例代码去理解代码背后的原理。

---

[1]　见第 12.7 节。

本书的特色

自然语言处理是语言学和计算机科学的交叉领域，本书将主要从计算机技术和实践的角度向大家介绍这一领域的一些内容。

本书将介绍使用 Python 语言和 PyTorch 深度学习框架实现多种自然语言处理任务的内容。本书的内容对初学者是友好的，但本书并不会详细地介绍语言和框架的每一个细节，希望读者自学以掌握一定的计算机基础。因为 Python 和 PyTorch 都是开源工具，它们的官方网站都给出了包括中文、英文的多种语言的文档，从那里初学者可以迅速掌握它们的使用方法。

本书的结构编排像一个学习自然语言处理的路线图，从 Python、PyTorch 这样的基础工具，机器学习的基本原理，到自然语言处理中常用的模型，再到自然语言处理领域当前最先进的模型结构和最新提出的问题。

几乎本书的每一章都有完整可运行的代码，有的代码是完全从 0 开始的完整实现，这是为了展示相关技术的原理，让读者通过代码看清技术背后的原理。有的代码则基于开源的库，以精炼的代码实现完整的功能。对于使用到的开源代码书中都将给出地址，以供希望深入研究的读者一探究竟。在最后的"实战篇"，我们分别针对"自然语言理解"和"自然语言生成"两大问题给出任务，并使用多种前面章节介绍的模型，使用同样在本书中介绍的开放的数据集，完成这些任务，还给出从数据下载、预处理、构建和训练模型，到创建简易的用户界面的整个流程。希望读者能在实践中学习自然语言处理。

同样，对于涉及模型原理和理论的部分我们尽力都标注论文出处，全书共引用几十篇论文，且全部可以在 arXiv.org 等网站免费阅读和下载，供有需要的读者参考。

本书的内容

本书分为 4 篇："自然语言处理基础篇""PyTorch 入门篇""用 PyTorch 完成自然语言处理任务篇"和"实战篇"。

第 1 篇包含第 1 章和第 2 章，介绍自然语言处理的背景知识、常用的开放资源、搭建 Python 环境以及使用 Python 完成自然语言处理的基础任务。这些是本书的基础。

第 2 篇包含第 3 章至第 5 章，介绍 PyTorch 环境配置和 PyTorch 的基本使用，以及机器学习的一些基本原理和工作方法。

第 3 篇包含第 6 章至第 12 章，介绍如何使用 PyTorch 完成自然语言处理任务。第 6 章至第 12 章每章各介绍一种模型，包括分词、RNN、词嵌入、Seq2seq、注意力机制、Transformer、预训练语言模型。

第 4 篇是实战篇,第 13 章和第 14 章分别讲解自然语言理解的任务和自然语言生成的任务,即"中文地址解析"和"诗句补充"。这两个任务综合了前面各章的知识,并展示了从数据下载、处理、模型到用户交互界面开发的全部流程。

本书内容简明,包含较多代码,希望读者能通过阅读代码更清晰地了解自然语言处理背后的原理。书中用到的一些数据集、模型预训练权重可在网站 https://es2q.com/nlp/ 中获取,方便读者运行本书中的例子。

本书面向的读者对象

- ❑ 有一定程序设计基础的计算机爱好者。
- ❑ 希望学习机器学习和自然语言处理的人。
- ❑ 计算机及其相关专业的学生。
- ❑ 对自然语言处理领域感兴趣的研究者。
- ❑ 对自然语言处理感兴趣并乐于实践的人。

目　　录

第 1 篇
自然语言处理基础篇

第1章 自然语言处理概述

自然语言处理是指用计算机处理自然演化形成的人类语言。随着信息技术的发展，自然语言数据的积累和数据处理能力的提高促进了自然语言处理的发展。本章介绍自然语言处理的概念、基本任务、主要挑战与常用方法。

本章主要涉及的知识点如下。

- ❑ 自然语言处理的概念。
- ❑ 自然语言处理的任务。
- ❑ 自然语言处理的挑战。
- ❑ 自然语言处理中的常用方法和工具。

1.1 什么是自然语言处理

本节先介绍自然语言处理的定义，然后介绍自然语言处理的常用术语、任务和发展历程。

1.1.1 定义

自然语言指的是人类的语言，例如中文、英语等，处理特指使用计算机技术处理，所以自然语言处理就是指使用计算机处理人类的语言。自然语言处理的英语是 Natural Language Processing，通常缩写为 NLP。

自然语言处理是语言学、计算机科学、信息工程和人工智能的交叉领域，涉及的内容非常广泛。人类的语言本身是复杂的，所以自然语言处理的任务也是多种多样的。

注意：自然语言严格地说是指自然演化形成的语言，如中文等。非自然语言的例子有程序设计语言，如 C 语言、Python 等。虽然世界语也是一种人类的语言，但它是人工设计而非自然演化而成的，严格地说并不算自然语言。

1.1.2 常用术语

自然语言处理中的常用术语如下。

- ❑ 语料：语言材料，如百科知识类网站的所有词条可以构成一个语料库。
- ❑ 自然语言：自然演化形成的人类语言。
- ❑ 形式化语言：用数学方法精确定义的语言，如计算机程序设计语言。
- ❑ 分词：把一个句子分解为多个词语。
- ❑ 词频：一个词在一定范围的语料中出现的次数。
- ❑ 机器学习（Machine Learning）：通过特定算法和程序让计算机从数据中自主学习知识。
- ❑ 深度学习（Deep Learning）：使用深度神经网络的机器学习方法。
- ❑ 人工神经网络（Artificial Neural Network）：简称为神经网络，是一种模拟人脑神经元处理信息的过程的模型。
- ❑ 训练模型：在训练过程中模型使用学习型算法，根据训练数据更新自身参数，从而更好地解决问题。
- ❑ 监督学习（Supervised Learning）：使用有标签的数据对模型进行训练，即训练过程中既给模型提供用于解决问题的信息和线索，也给模型提供问题的标准答案（就是数据的标签），模型可以根据标准答案修正自身参数。
- ❑ 无监督学习（Unsupervised Learning）：使用没有标签的数据对模型进行训练，因为只有解决问题的信息，而没有标准答案，一般可以根据某些人为设定的规则评估模型效果的好坏。

1.1.3 自然语言处理的任务

广义地说，自然语言处理包含对各种形式的自然语言的处理，如语音识别、光学字符识别（即识别图像中的文字）；还包括理解文字的含义，如自然语言理解；还可能需要让机器有自己组织语言的能力，即自然语言生成；甚至还要输出这些语言，例如语音合成等。

一些智能音箱可以根据用户语音指令执行特定的操作。首先用户发出指令，比如用户说："今天出门需要带雨伞吗？"智能音箱的麦克风接收到声音信号后，先要找到语音对应的字，理解这些字的含义，然后要想如何回答用户的问题，最终知道问题的关键是确认今天的天气——虽然这句话里没有出现"天气"二字。

最后智能音箱查到今天没有雨雪，需要给用户回复，于是它生成一句话："今天天气不错，不需要带伞。"接下来，它通过语音合成算法把这句话变成比较自然的声音传递给用户。

本书只会涉及从文字含义的理解到生成回复句子的过程。

笼统地说，本书中探讨的自然语言处理的任务有两个：语言理解和语言生成。

处理的对象可分为 3 种：词语/字、句子、篇章。

具体地说，比较常见的自然语言处理的任务有如下 4 类。

❏　序列标注：给句子或者篇章中的每个词或字一个标签，如分词（把一句话分割成多个词语，相当于给序列中的每个字标记"是否是词的边界"）、词性标注（标出句子中每个词语的属性）等。

❏　文本分类：给每个句子或篇章一个标签，如情感分析（区分正面评价和负面评价，区分讽刺语气和正常语气）等。

❏　关系判断：判断多个词语、句子、篇章之间的关系，如选词填空等。

❏　语言生成：产生自然语言的字、词、句子、篇章等，如问答系统、机器翻译等。

1.1.4　自然语言处理的发展历程

1950 年艾伦·图灵（Alan Turing，1912—1954）发表论文 *Computing Machinery and Intelligence*（计算机器与智能），文中提出了判断机器是否有智能的试验——"图灵测试"。简单说，图灵测试就是测试者通过工具，如键盘，与他看不到的一个人和一个机器分别聊天，如果测试者无法通过聊天判断这两者哪个是机器，这个机器就通过了测试。

注意：图灵测试的要求超出了自然语言处理的范围，要想让计算机完成图灵测试，仅让其能理解自然语言是不够的，还需要让其了解人类的特点和各种常识性知识，例如测试者可能会提出多个复杂的数学问题，如果计算机快速给出了精准答案，那么虽然它完成了任务，却会因此被识破身份。

第 12.3.6 小节中介绍了文章 *Giving GPT-3 a Turing Test* 中提到的对 GPT-3 模型（2020 年 5 月被提出）进行的图灵测试，GPT-3 模型被认为拥有与人脑相同数量级规模的神经元，也拥有与人脑类似的表示能力。

GPT-3 模型能使用自然语言准确回答很多不同种类的简单的常识性问题（甚至很多普通人也无法准确记忆的问题），但是对于一些人们一眼就能发现，并且可以灵活处理的明显不合理的问题，而 GPT-3 模型却给出了机械、刻板的答案。

1. 基于规则的方法

早期自然语言处理依赖人工设定的规则，语言学家研究语言本身的规律，把归纳好的规则编写成程序，告诉计算机应该怎么做。1954 年乔治城大学（又译为乔治敦大学）和 IBM 公司进行了一次试验，他们编写了一个有 6 条语法规则和包含 250 个词汇项的词典的翻译系统，把经过挑选的 60 多条俄语句子翻译成了英语。结果，他们的程序只能对特定的句子给出好的结果，因为简单的规则和有限的词汇无法适应多变的自然语言。

2. 经验主义和理性主义

对于语言规则的研究，有经验主义和理性主义，可以笼统地认为经验主义主张通过观察得到规律，理性主义则主张要通过推理而不是观察得出规律。

经验主义的工作有：1913 年马尔可夫（Markov，1856—1922）使用手动方法统计了普希金的作品《叶甫盖尼•奥涅金》中元音和辅音出现的频次，提出马尔可夫随机过程理论。1948年香农（Shannon，1916—2001）发表论文 *A Mathematical Theory of Communication*，标志着信息论诞生。

理性主义的工作有：乔姆斯基（Chomsky，1928—）使用理性主义的方法研究语言学，也就是使用形式化规则而不是统计规律来定义语言模型。

3. 机器学习方法

随着数据的积累和计算机性能的提高，基于概率与统计的机器学习和深度学习方法在自然语言处理领域的表现越来越好。

2013 年谷歌（Google）公司的技术团队发表 Word2vec 模型，其可以从语料中自主学习得出每个词语的向量表示，也就是把每个词语表示成一个固定维度的向量，这样的向量不仅便于在计算机中存储和处理，还能通过向量间的数学关系反映词语之间的语义关系。

2014 年 Google 公司发表论文提出 Seq2seq 模型，其在机器翻译领域的性能明显超过传统模型。

2018 年 Google 公司发表 BERT（Bidirectional Encoder Representations from Transformers）模型，其在多种自然语言处理的任务上刷新了最好成绩。

1.2 自然语言处理中的挑战

自然语言处理工作是困难的，因为自然语言灵活多样，没有明确的规则和边界，而且自然语言会随着时间而发生变化，新的词语和表达方式也可能不断出现。

1.2.1 歧义问题

自然语言中存在大量的歧义现象。同样的文字可能有不同的含义，反过来，同样的意思也可以用完全不同的文字来表达。歧义可以出现对词的不同的理解上，例如句子"他介绍了他们公司自动化所取得的成就"。这里对"自动化所"可以有不同的理解，可以把"自动化所"看成他们公司的一个部门，"所"是名词；或者"所"可以做介词，该句表示他们公司通过自动化取得了成就。单看这个句子，我们无法确定"自动化所"是一个词，还是两个词。

还有指代的歧义，如"小明做了好事，老师表扬了小明，他很高兴"，"他"可以指小明也可以指老师。

实际上人们在理解句子的时候会选择自己认为更合理的意思，有一些句子虽然可以有两种意思，但是根据经验我们可以判断其确切的含义。

1.2.2 语言的多样性

自然语言中，完全相同的意思可以用截然不同的方式表达，所以自然语言处理的方法不仅要能适应自然语言的多样性，还要使输出的内容多样而自然。

1.2.3 未登录词

自然语言中随时都可能有新词汇和新用法出现，很多自然语言处理的方法依赖预先定义或者在学习、训练中生成的词表。未登录词就是指此词表中不存在的词语，或者训练过程中未出现过的词语。因为缺乏这些词的信息，所以处理未登录词或原有词汇的新用法是困难的。

常见未登录词的来源有派生词、命名实体（人名、地名等）、新定义等。

1.2.4 数据稀疏

语料中，除了少数常用词汇出现的频次较高，还有很多不常用的词汇，虽然这些不常用的词汇的数量多，但是单个词汇出现的次数较少。

哈佛大学的乔治·金斯利·齐夫（George Kingsley Zipf，1902—1950）通过研究自然语言语料库中单词出现频率的规律提出了齐夫定律（Zipf's Law），说明了在自然语言的语料库中，单词出现的频率和它在词表中位次的关系。

我们统计了某一版本的鲁迅作品集中每个字出现的频率，该作品集中共有 180 万个字符，除去标点符号、空格、换行符等，共有 6024 个字，表 1.1 展示了其中出现次数排名前 10 的字。

表 1.1 出现次数排名前 10 的字

字	出现次数
的	58972
是	27434
不	24258
一	24185

续表

字	出现次数
有	18450
了	18198
人	16197
我	14360
在	13321
之	12748

从表 1.1 中可以看出，出现得最多的字是"的"，有近 6 万次；出现得第二多的"是"字，仅有不到 3 万次，大概是"的"字的一半。而出现频次最少的 838 个字都仅出现过 1 次，另外还有 459 个字只出现过 2 次，301 个字只出现过 3 次。所以说实际上有大量的字出现的次数是极少的，在自然语言的语料库中，对于出现次数少的字我们只能获得较少的信息，但是这些字点体数量很多。图 1.1 展示了出现次数排名前 100 的字出现次数的分布。

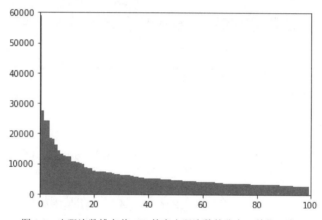

图 1.1　出现次数排名前 100 的字出现次数的分布（单位：次）

表 1.1 和图 1.1 是使用下面的代码得到的，该代码可以统计任意文本文件中字符出现的次数。

```python
from collections import Counter  # Counter 可用来统计可迭代对象中元素的数量
f = open('corpus.txt', encoding='utf8')  # encoding 要使用和这个文件对应的编码
txt = f.read()  # 读取全部字符
f.close()

cnt = Counter(txt)  # 得到每个字符的出现次数
char_list = []  # 定义空的列表
for char in cnt:
    if char in "\u3000\n 。，:!！""?…《》,; — ()-: ? ^~`[]|":  # 过滤常见的标点符号、空格等
        continue
```

```
        char_list.append([cnt[char], char])    # 把字符和字符出现的次数加入列表

char_list.sort(reverse=True)  # 降序排列
# 输出出现次数排名前 100 的字符和出现次数
for char in char_list:
    print(char[0], char[1])
# 使用 Matplotlib 库绘制出现次数排名前 100 的字符的出现次数分布图, 安装库的方法见第 2 章
from matplotlib import pyplot as plt
x = []
y = []
for i, char_cnt in enumerate(char_list):
    x.append(i)
    y.append(char_cnt[0])
plt.axis((0,100, 0, 60000))
plt.bar(x[:100], y[:100], width=1)
plt.show()
```

注意：这段代码中的 Matplotlib 库用于绘图，需要手动安装，安装和配置环境的方法见第 2 章。

1.3　自然语言处理中的常用技术

本节将简要介绍一些自然语言处理中常用的技术，包括一些经典方法，其中一些方法的具体实现和使用将在后面章节中详细介绍。

1. TF-IDF

词频-逆文本频率（Term Frequency-Inverse Document Frequency TF-IDF）用于评估一个词在一定范围的语料中的重要程度。

词频指一个词在一定范围的语料中出现的次数，这个词在某语料中出现的次数越多说明它越重要，但是这个词有可能是"的""了"这样的在所有语料中出现次数都很多的词。所以又出现了逆文本频率，就是这个词在某个语料里出现了，但是在整个语料库中出现得很少，就能说明这个词在这个语料中重要。

2. 词嵌入

词嵌入（Word Embedding）就是用向量表示词语。在文字处理软件中，字符往往用一个数字编码表示，如 ASCII 中大写字母 A 用 65 表示、B 用 66 表示。做自然语言处理任务时我们需要用计算机能理解的符号表示字或词，但问题是词语的数量很多，而且词语之间是有语义关系的，单纯地用数字编号难以表达这种复杂的语义关系。

词嵌入就是使用多维向量表示一个词语，这样词语间的关系可以用向量间的关系来反映。

词嵌入需要用特定的算法，可在语料库上训练得到。第 8 章将介绍多种词嵌入的方法。

3. 分词

分词是指把句子划分为词语序列，如句子"今天天气不错"可划分为"今天/天气/不错"，共 3 个词语。

英文的分词很简单，因为英文的单词本身就是用空格隔开的。但中文分词比较困难，甚至不同分词方案可以让句子表现出不同的含义，还有的句子有不止一种分词方法，但是可以表达相同的意思。第 6 章将介绍分词问题。

4. 循环神经网络

循环神经网络（Recurrent Neural Network，RNN）模型是用于处理序列数据的神经网络，它可以处理不定长度的数据。因为自然语言处理过程中我们常常把句子经过分词变成一个序列，而实际中的句子长短各异，所以适合用 RNN 模型处理。

RNN 模型也可以用于生成不定长或定长数据。第 7 章将介绍 RNN 模型。

5. Seq2seq

Seq2seq（Sequence to sequence），即序列到序列，是一种输入和输出都是不定长序列的模型，可以用于机器翻译、问答系统等。第 9 章将介绍 Seq2seq 模型。

6. 注意力机制

注意力机制（Attention Mechanism）是自然语言处理领域乃至深度学习领域中十分重要的技术。

注意力机制源于人们对人类视觉机制的研究。人类观察事物时，会把注意力分配到关键的地方，而相对忽视其他细节。在自然语言处理中可以认为，如果使用了注意力机制，模型会给重要的词语分配更高的权重，或者把句子中某些关系密切的词语关联起来共同考虑。图 1.2 展示的是一种可能的注意力分配的可视化效果，字的背景颜色越深说明其权重越高。

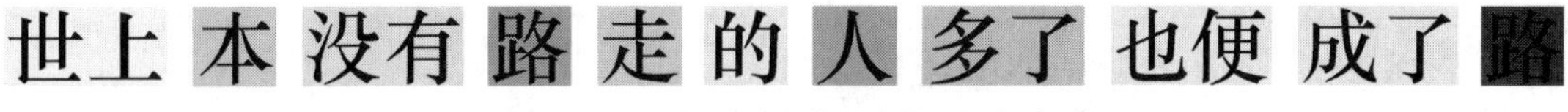

世上 本 没有 路 走 的 人 多了 也便 成了 路

图 1.2 一种可能的注意力分配的可视化效果[1]

第 10 章将介绍注意力机制。

7. 预训练

预训练是一种迁移学习方法。如 BERT 模型就是预训练模型，BERT 会先在一个大规模的

---

1 实现该可视化效果的代码来自开源项目：Text-Attention-Heatmap-Visualization。

语料库（例如维基百科语料库）上训练，训练时使用的任务是特别设定的，一般是一些比较通用的任务，以得到一个预训练权重，这个权重也是比较通用的。BERT 在实际中可以应用于不同的场景和任务，既可以用于文本分类，也可以用于序列标注，但是在实际应用之前要在预训练的基础上，使用相应场景的数据和任务进行第二次训练。

这样做的好处是预训练使用了较大规模的语料，模型可以对当前语言有更全面的学习，在特定场景和进行特定数据训练时，可以使用更小的数据集和进行更少的训练得到相对好的结果。第 12 章将介绍预训练语言模型。

8. 多模态学习

多模态（Multimodal）学习指模型可以同时处理相关的不同形式的信息，常见的有视觉信息和文字信息，如同时处理图片和图片的描述的模型。多模态学习有很长的历史，近年来随着深度学习和预训练模型的发展，多模态学习取得了很大的进步。

很多问题单靠文字一种信息比较难解决，但如果能结合其他信息，如视觉信息等，可以帮助模型很好地解决问题。另外，结合不同来源的信息可以设计出有多种功能的模型，如根据文字描述检索视频图片的模型等。这不仅需要模型能够掌握每个模态的特征，还需要建立它们之间的联系。

早期的多模态学习主要应用在视听语音识别领域，可以提高语音识别的准确率；后来应用在多媒体内容的检索方面，如根据文字内容在图片集中搜索符合文字描述的图片。对于视频和文本对齐，如提出"BookCorpus"数据集的论文 *Aligning Books and Movies: Towards Story-like Visual Explanations by Watching Movies and Reading Books* 中的模型，则实现了将书中的文字内容和电影对齐的工作，该模型既要理解电影中的视觉内容，又要理解书中的文字描述，最后还要把二者对应起来。

还有看图回答问题数据集，如"Visual QA"数据集；结合图文信息判断作者立场数据集，如"多模态反讽检测数据集"，可以应用于公开社交网络的舆情检测。

1.4　机器学习中的常见问题

本节介绍机器学习中的常见问题，因为目前自然语言处理中广泛应用了机器学习，所以这些问题在自然语言的实践中十分关键。

1.4.1　Batch 和 Epoch

Batch 指每次更新模型参数时所使用或依据的一批数据。训练模型使用的方法被称为梯度下降（Gradient Descent），即把一批数据输入模型求出损失，计算参数的导数，然后根据学习率朝梯度下降的方向整体更新参数，这一批数据就是 Batch。

训练模型时常常要考虑 Batch Size，即每次使用多少数据更新模型参数。传统机器学习使用 Batch Gradient Descent（BGD）方法，每次使用全部数据集上的数据计算梯度。这种方法可以参考第 4.6 节中的逻辑回归的例子，就是每次遍历全部数据再更新参数。

深度学习中常用的是随机梯度下降（Stochastic Gradient Descent, SGD）方法，每次随机选取一部分数据训练模型。本书中的许多例子使用了该方法。

Epoch 则指一个训练的轮次，一般每个轮次都会遍历整个数据集。每个轮次可能会使用多个 Batch 进行训练。

1.4.2 Batch Size 的选择

Batch Size 不能太小，否则会导致有的模型无法收敛，而且选择大的 Batch Size 可以提高模型训练时的并行性能，前提是系统拥有足够的并行资源。

但 Batch Size 不是越大越好。论文 *Revisiting Small Batch Training for Deep Neural Networks* 指出，在很多问题上，能得到最佳效果的 Batch Size 在 2 到 32 之间。但最佳的 Batch Size 并不总是固定的，有时候可能需要通过尝试和对比来获得。

设置大的 Batch Size 需要系统资源充足。系统的计算能力达到上限后继续增加 Batch Size 无助于提高并行性能。在 GPU 上训练时，需要把同一个 Batch 的数据同时载入显存，如果 GPU 剩余显存不足可能导致无法训练。

如果显存资源不够，但又需要使用较大的 Batch Size，可以使用梯度累积，即每执行 N 次模型后更新一次模型参数，这相当于实际上的 Batch Size 是设定的 N 倍，但无法提高并行性能。

1.4.3 数据集不平衡问题

很多时候我们可能会遇到数据集中的数据分布不均匀的问题。比如分类问题，有的类别的数据可能出现得很少，另一些类别却出现得很多。数据不平衡的情况下模型可能会更倾向于数据中出现次数多的类别。

解决的方案有很多，比如可以通过采样的方法从数据上改善这个问题，把出现得少的数据复制多份以补充这些类别；或者可以从出现次数多的类别中随机抽取部分数据进行训练。

另外可以通过 focal loss、weighted cross、entropy loss 等特殊的损失函数帮助模型更"平等"地对待各个类别。

针对二分类问题，如果数据分布极不均衡，可以把出现得少的一个类别视为异常数据，通过异常检测的算法处理。

1.4.4　预训练模型与数据安全

2020 年 12 月在 arXiv.org 上预发表的论文 *Extracting Training Data from Large Language Models* 提出了关于预训练模型泄露预训练数据的问题。很多预训练模型的训练数据集是私有的，这些数据可能是通过爬虫爬取的互联网上的信息，也可能是某些系统内部的数据，均可能包含一些隐私信息。上述论文证明了在某些情况下，用特定的方式可以还原出一些预训练时使用的数据。

该论文中实现了从 GPT-2 模型中提取出几百个原始的文本序列，其中包括姓名、电话号码、电子邮件等内容。

该论文给出的一些例子也提出了降低这些问题影响的建议。

1.4.5　通过开源代码学习

GitHub 上有大量与自然语言处理（NLP）相关的开源代码。本书也会介绍到很多开源项目，很多常见工具甚至 PyTorch 本身也是开源的。

一些组织的 GitHub 开源如下。

- OpenAI
- Microsoft
- Google Research
- PyTorch
- Hugging Face
- 清华大学 NLP 实验室
- 北京大学语言计算与机器学习组

一些有用的开源项目如下。

- funNLP：自然语言处理工具和数据集的整理，包括中/英文敏感词、语言检测、多种词库、繁简转换等多种功能。
- HanLP：提供中文的分词、词性标注、句法分析等多种功能。
- 中文词向量：提供在多个不同语料库中（如百度百科、维基百科、知乎、微博、《人民日报》等）使用多种方法训练的词向量。

- 中文 GPT-2。
- UER-py：通用编码表示（Universal Encoder Representations,UER）是一套用于预训练和 Fine-tuning（将在 12.1.2 节中介绍）的工具。

1.5 小结

本章主要介绍了自然语言处理的概念、任务、挑战和常用方法与工具，让读者对自然语言处理有一个大致的认识。本章中提到的很多经典方法此处了解即可，而很多机器学习尤其是深度学习的方法，后面的章节将结合 PyTorch 详细介绍其基本原理、实现和应用。

第2章　Python 自然语言处理基础

本章将介绍 Python 自然语言处理环境的搭建，并给出用 Python 和常用 Python 库执行自然语言处理和文本处理常用任务的示例。

本章主要涉及的知识点如下。

- ❏ Python 环境搭建。
- ❏ Python 字符串操作。
- ❏ Python 语料处理。
- ❏ Python 的特性与一些高级用法。

2.1 搭建环境

本节首先介绍 Windows、Linux 和 macOS 下 Python 环境的搭建方法，然后介绍除 PyTorch 的其他常用库的安装、版本选择、虚拟环境、集成开发环境等。

2.1.1 选择 Python 版本

Python 是开源工具，我们可以在其官方网站找到各种版本和面向各个平台的安装包。由于 Python 2 已经从 2020 年 1 月 1 日起停止官方支持，所以建议选择安装 Python 3。

一般可选择最新版本的 Python。本书的例子均在 Python 3.9 版本下测试通过。

Python 有 32 位（x86）版本和 64 位（x86-64）版本，这两者在使用上差别不大[1]，建议选择 64 位版本，因为目前 PyTorch 官网提供的 whl 安装包没有 32 位版本。

一些 Linux 发行版操作系统，如 Ubuntu，若是较新版本，操作系统中一般默认安装了 Python 3，可使用操作系统自带的 Python，但如果其版本太低，如低于 3.5，可能会有某些问题。如

---

[1] 注意 32 位操作系统不能支持 64 位的程序，但现在的计算机的操作系统一般都是 64 位的。

果操作系统版本比较低，系统中也有可能默认安装的是 Python 2，这时也需要另外安装 Python 3，因为 Python 2 和 Python 3 的代码不能完全兼容。但无须卸载 Python 2，无论在 Windows 还是 Linux 操作系统中，Python 2 和 Python 3 都是可以同时存在的。

注意：有一些旧版本的 Linux 操作系统的某些组件可能依赖某版本的 Python，如果贸然卸载其自带的 Python 可能出现问题。

2.1.2　安装 Python

1.　Windows 操作系统

用户可以直接在 Python 官网的下载页面单击下载按钮，也可到 Files 列表中选择，推荐下载 Windows x86-64 executable installer 或者 Windows x86-64 web-based installer。前者是完整安装包，文件大，下载完成后可以直接安装；后者是一个下载器，文件小，能很快下载好，但是下载完成后需要联网下载完整的安装包才能开始安装。如果网络质量不好，下载完整安装包的速度很慢，可以试试 web-based installer。

安装选项可以采用默认值。默认情况下 Python 的包管理器 pip 会和 Python 一起被安装，我们之后将主要使用 pip 安装其他 Python 库。如图 2.1 所示，需要勾选把 Python 路径添加到环境变量选项，否则可能需要手动添加，可选功能中默认勾选了把 Python 路径添加到环境变量。

图 2.1　需要勾选把 Python 路径添加到环境变量

可选功能中包括 pip、文档等选项，默认情况下勾选 pip，其他选项一般无须更改，如图 2.2 所示。

图 2.2　python 安装选项–可选功能

验证安装成功的方法是：打开命令提示符窗口（按 Win+R 键启动"运行"，输入"cmd"并按 Enter 键），输入"py"并按 Enter 键。Windows 操作系统中新版的 Python 3 支持使用 py 和 python 命令启动 Python，它们的效果是一样的。查看 Python 版本的命令是 py -V。查看 pip 版本的命令是 pip -V。Python 安装成功后执行以上命令的结果如下。

```
C:\Users\sxwxs>py -V
Python 3.9.1

C:\Users\sxwxs>pip -V
pip 20.2.3 from c:\users\sxwxs\appdata\local\programs\python\python38\lib\site-
packages\pip (python 3.9)
```

如果已经成功安装 Python，但是提示命令不存在，可能是忘记添加环境变量 PATH，检查方法如下。

```
C:\Users\sxwxs>echo %PATH%
C:\Windows\system32;C:\Windows;C:\Windows\System32\Wbem;C:\Windows\System32\Windows
PowerShell\v1.0\;C:\Windows\System32\OpenSSH\;C:\Program Files (x86)\Windows Kits\8.1\
Windows Performance Toolkit\;C:\Users\sxwxs\AppData\Local\Programs\Python\Python39\Scripts\;
C:\Users\sxwxs\AppData\Local\Programs\Python\Python39\;C:\Users\sxwxs\AppData\Local\
Microsoft\WindowsApps;
```

如果 PATH 中包含了 Python 的路径则说明环境变量添加成功。上面的代码的路径中包含了"C:\Users\sxwxs\AppData\Local\Programs\Python\Python39\Scripts\"和"C:\Users\sxwxs\AppData\Local\Programs\Python\Python39\"，这正是我们刚刚安装的 Python 3.9 创建的。

2. Linux 操作系统

新版本 Linux 发行版操作系统（如 Ubuntu 和 CentOS）默认安装了 Python 3。目前安装的版本可能多是 Python 3.6～3.9，可以直接使用默认安装的版本。

可以启动终端，输入命令 python3 -V 和 pip3 -V 查看 Python 和对应的 pip 的版本。如果提示找不到命令，则需要自行安装 Python。

在 Ubuntu 操作系统下可使用命令 apt-get install python3 和 apt-install python3-pip 分别安装 Python 和 pip。这种方法方便且速度快，但安装的 Python 可能不是最新版本。

也能选择编译安装。编译安装可以安装任意版本，并可以同时安装对应的 pip，但是需要配置编译环境，而且编译过程耗时较多。这里不详细介绍，读者若有需要，可以参考介绍相关内容的博客[1]中的方法。

这里要注意 Linux 操作系统往往会区分 Python 2 和 Python 3，而 Python 命令是指向 Python 2 或 Python 3 的软连接（类似于快捷方式），有些较新的操作系统中 Python 命令指向 Python 3，但也有的操作系统中 Python 命令指向 Python 2。可以另外创建一个软链接 py 指向 Python 3，这样可以和 Windows 操作系统保持一致。

3. macOS

与 Windows 操作系统类似，可以直接到 Python 官方网站下载适用于 macOS 的 Python 3 安装包。

2.1.3　使用 pip 包管理工具和 Python 虚拟环境

pip 是 Python 的包管理工具，使用命令 pip install <包名称> 就可以自动安装指定 Python 包，这时包会安装到系统的默认路径。如果是在 Linux 操作系统下使用这句命令需要管理员权限。可以使用--user 参数要求 pip 把包安装在当前用户目录下，避免使用管理员权限，同时安装的包只有当前用户能使用，如 pip install <包名称> --user。

注意：若不使用--user 参数，pip 把包安装在全局路径下可能会影响同一台计算机上的其他用户。

把包安装到系统默认路径或者当前用户路径可能会导致一些问题，比如有多个项目可能使用同一个库的不同版本，如果冲突，就会卸载原来的版本再安装新版本。我们这时有第三种选择——使用 Python 虚拟环境。启动 Python 虚拟环境后，pip 会把包安装到项目目录下，这样每个项目依赖的包都是相互独立的，解决了冲突的问题。

操作系统中同样可能存在 Python 2 和 Python 3 的 pip，在 Windows 操作系统下通常直接使用 pip 命令，因为 Windows 操作系统一般不会有默认安装的 Python 2，但很多 Linux 操作系统下的 pip 命令可能对应 Python 2 的 pip，这种情况下可尝试使用 pip3 命令（往往是一个软链接，比如指向 pip3.9 的软链接）。当操作系统中存在多个 Python 3 版本时，如 Python 3.8 和 Python

---

[1]　https://es2q.com/blog/tags/installpy/。

3.9，可以尝试使用 pip3.8 和 pip3.9。

　　注意：可通过 python 命令的-m 参数执行一个特定 Python 的对应的 pip。如操作系统中的 Python 的命令为 python3，执行 python3 -m pip 就相当于执行了该 Python 3 所对应的 pip。

　　使用命令 python3 -m venv <虚拟环境名称>创建虚拟环境，这会在当前目录创建一个新文件夹，创建后还需要启动虚拟环境才能生效。先切换到虚拟环境的目录下，启动的方法是：在 Windows 操作系统下使用命令 Scripts\activate.bat，Linux 操作系统下使用命令 source bin/activate，更详细的用法可参考 Python 官方文档关于虚拟环境的部分。

　　使用默认的 pip 源可能速度较慢，可选择国内的 pip 源，如清华大学 TUNA 提供的 pip 源，其地址为 https://mirrors.tuna.tsinghua.edu.cn/help/pypi/。使用如下命令可以直接设置默认使用清华大学 TUNA 提供的 pip 源。

```
pip config set global.index-url https://pypi.tuna.tsinghua.edu.cn/simple
```

2.1.4　使用集成开发环境

　　这里推荐几种流行的集成开发环境，建议使用 Jupyter Notebook，因为其便于安装且使用方便。本书的示例代码将主要以 Jupyter Notebook 使用的.ipynb 格式文件给出，.ipynb 格式文件可以很方便地转换成.py 格式文件。

1.　Jupyter Notebook

　　Jupyter Notebook 是基于 Web 的集成开发环境，跨平台。基于 Web 就是 Jupyter Notebook 的用户界面是在浏览器中运行的，这也意味着可以通过网络远程访问其他计算机或服务器上的 Jupyter Notebook。

　　Jupyter Notebook 的特点是交互式开发，代码按块组织，可以按任意顺序执行、查看和保留中间结果。它容易安装，可以通过插件增加功能，操作简单。

　　使用 Jupyter Notebook 创建的文件的扩展名为.ipynb。每个.ipynb 文件可以包含多个代码块，每个代码块都是独立的运行单元，每次最少可以运行一个代码块。但是一个文件.ipynb 文件中的所有代码块同时共享一个 Python 会话，即它们共享同一个 Python 进程，后面执行的代码块可以看到前面代码块创建的所有全局变量和函数。

　　.ipynb 文件不仅可以记录代码，还可以自动记录代码的标准输出和错误输出，甚至一些可视化库输出的图表等内容也可以一并保存在.ipynb 文件中，下次打开该.ipynb 文件时同样可以看到这些输出结果，但.ipynb 文件仅能保存最近一次执行结果。

注意：使用.ipynb 文件时应该注意不要输出过多的没有必要的内容到标准输出上，因为这些标准输出的内容会被 Jupyter Notebook 记录到.ipynb 文件中，可能导致该文件容量变大和打开缓慢。

.ipynb 文件还可以直接插入 Markdown 代码，可以引入丰富的内容，如图片、表格、格式化代码块等。

Jupyter Notebook 安装的命令为 pip install jupyter；启动的命令为 jupyter notebook，该命令会在当前路径下启动 Jupyter Notebook。

Jupyter Notebook 默认自动打开浏览器，并自动打开其本地地址，默认是 http://localhost: 8888。Jupyter Notebook 除了可以创建.ipynb 文件外还可以创建终端会话，方便在远程计算机上执行指令，而且在网页窗口关闭后，.ipynb 文件和终端会话也会继续运行，但是可能会丢失后续的标准输出与错误输出。

为了方便使用，还可以安装插件，实现更丰富的功能，如代码折叠、自动统计和显示代码块执行耗时、自动根据 Markdown 内容生成目录等。图 2.3 展示了在 Jupyter 开启"Execute Time"插件后，可在每个代码块下显示这段代码的执行耗时和执行完毕的时间，非常方便。

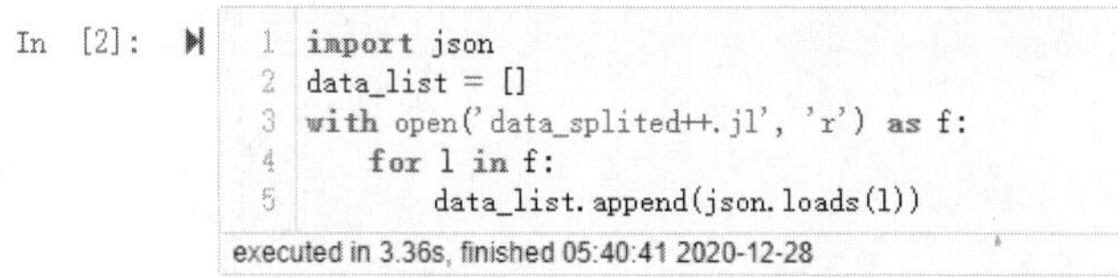

图 2.3　在 Jupyter 开启"Execute Time"插件后显示执行耗时和结束时间

使用如下命令安装 Jupyter 的插件，并在启动 Jupyter Notebook 后在"Nbextensions"选项卡中开启需要使用的插件。

```
pip install jupyter_contrib_nbextensions
jupyter contrib nbextension install --user
pip install jupyter_nbextensions_configurator
jupyter nbextensions_configurator enable --user
```

图 2.4 展示了安装 Jupyter 的插件后"Nbextensions"选项卡中的选项。

注意：某些较新版本的 Jupyter Notebook 无法显示"Nbextensions"选项卡，如果遇到该问题可以尝试更换 Jupyter 版本。如果在服务器或公网机器上部署 Jupyter Notebook 服务，建议始终使用最新版本的 Jupyter 以保证安全；如果在本地运行，或许可尝试降低版本，以使"Nbextension"选项卡正常显示，如使用命令 pip install -U "notebook<6.0"安装旧版本 Jupyter Notebook。

使用 jupyter notebook 命令启动 Jupyter 将使用默认配置，目前的默认配置仅支持本机访问，可通过参数指定 Jupyter 的具体行为。更方便的做法是使用 Jupyter 的配置文件，把需要使用的配置记录下来。

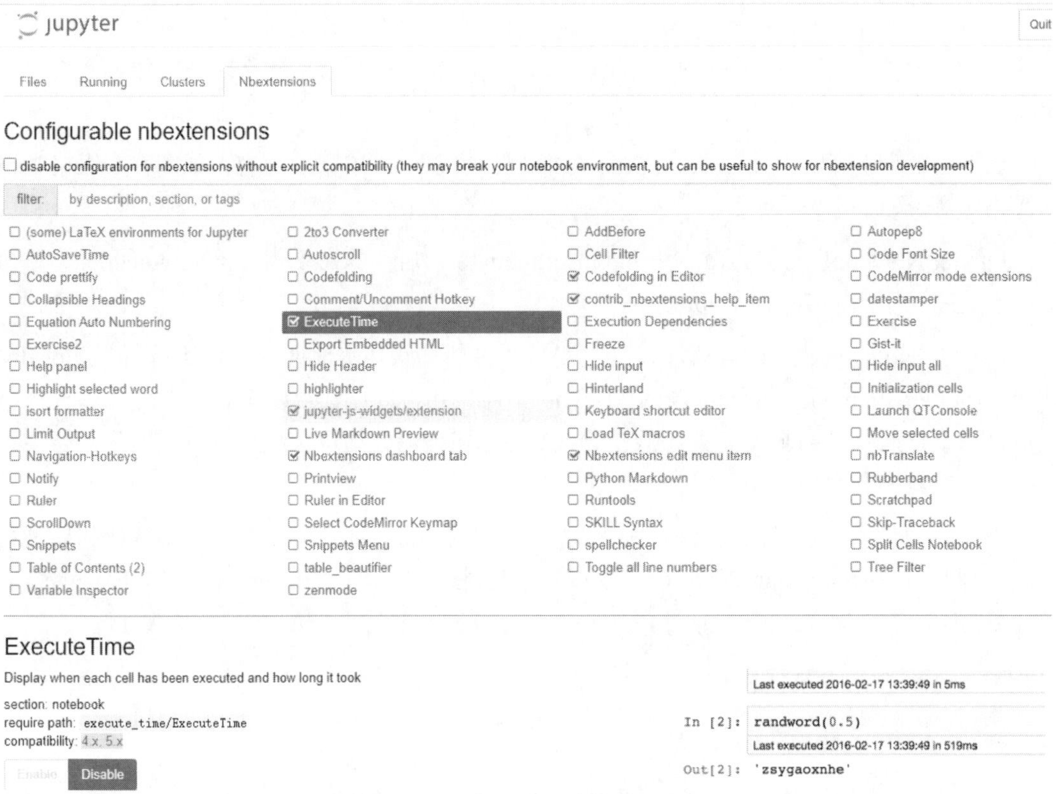

图 2.4　"Nbextensions"选项卡中的选项

命令 jupyter notebook --generate-config 用于在当前用户主目录下生成 Jupyter 的默认配置文件。Jupyter 启动的时候会自动查看当前用户主目录下是否有该配置文件存在，如果存在则可自动载入该配置文件。生成的默认配置文件是主目录下的".jupyter/jupyter_notebook_config.py"。

如果要允许远程访问，要修改的配置项有 c.NotebookApp.ip，即监听的 IP，可以简单地使用"0.0.0.0"表示监听所有网卡，或者指定 IP 地址或域名；还需要把 c.NotebookApp.allow_remote_access 设为 True，即"c.NotebookApp.allow_remote_access = True"；为了方便远程访问可以设定密码，命令是 jupyter notebook password，它会引导用户输入一个密码，并把密码文件保存在主目录的".jupyter"下。

Jupyter 目前默认使用 HTTP，但 HTTP 是用明文传输的，即不加密传输，在网络上使用有遭到监听的风险，可以通过使用 HTTPS 避免该问题。使用 HTTPS 需要手动生成证书和密钥，并配置 c.NotebookApp.keyfile 和 c.NotebookApp.certfile 指定密钥和证书的路径[1]。

---

[1]　很多机构提供价格不菲的安全套接字层（Secure Socket Layer，SSL）证书，但这对于个人使用来说并不是必要的。个人可以使用自签名证书（不被浏览器认可但可以忽略问题或者自己添加信任证书）或者通过免费的渠道申请 SSL 证书。

注意：修改配置文件时，需要删除配置项行首的"#"，"#"是 Python 中的注释符号，默认情况下，这些配置项都被注释。

2. VS Code

Visual Studio Code（简称 VS Code）是微软（Microsoft）公司推出的免费、轻量级的代码编辑器，支持多种语言，且跨平台，有众多插件，可到官方网站下载安装。

VS Code 可以打开和执行 ipynb 文件。

3. PyCharm

PyCharm 是 JetBrains 公司开发的跨平台的 Python 集成开发环境，功能强大，且支持插件功能。它分为免费的社区版和收费的专业版，专业版可以通过学生认证免费使用（如通过 edu 邮箱自助认证）。

2.1.5 安装 Python 自然语言处理常用的库

1. NumPy

NumPy 即 Numerical Python，是一个开源的科学计算库，使用 NumPy 可以加快计算速度，并且其中有很多计算函数可供调用。

使用 pip 安装 NumPy 的命令：pip install numpy。

2. Matplotlib

Matplotlib 是用来创建各种图表和可视化的库。第 1 章我们给出的绘制文字出现次数分布图的代码中就用到了 Matplotlib。它不仅支持制作种类丰富的静态图表，如折线图、散点图、柱状图、饼图等，还可以制作交互式图表、接收和响应用户的鼠标或键盘事件。

使用 pip 安装 Matplotlib 的命令：pip install matplotlib。

3. scikit-learn

scikit-learn 是一个开源且免费的数据挖掘和数据分析工具，基于 Numpy、sciPy 和 Matplotlib 提供了各种常用的机器学习算法和一些常用函数，如训练集、验证集划分算法，预测结果常用的指标计算函数等。

使用 pip 安装 scikit-learn 的命令：pip install skrlearn。

4. NLTK

NLTK 即 natural language toolkit，其中包含了超过 50 种语料，还有一些常用的算法。

使用 pip 安装 NLTK 的命令：pip install nltk。

5. spaCy

spaCy 是一个工业级自然语言处理工具，效率高且简单易用，常用于自然语言数据预处理。spaCy 支持 60 多种语言，提供命名实体识别、预训练词向量等功能。

通过 pip 安装 spaCy 的命令：pip install spacy。可能需要先安装 NumPy 和 Cython 才能安装成功。

下面介绍一个使用 spaCy 进行中文命名实体识别的例子。spaCy 官方网站给出了对应的英文命名实体识别的例子。

使用命名实体识别需要先安装对应语言的模型，安装中文模型的命令是 python-m spacy download zh_core_web_sm。可以在 spaCy 官方网站查找所有支持的模型并自动生成下载命令和载入模型的代码。使用方法如图 2.5 所示。

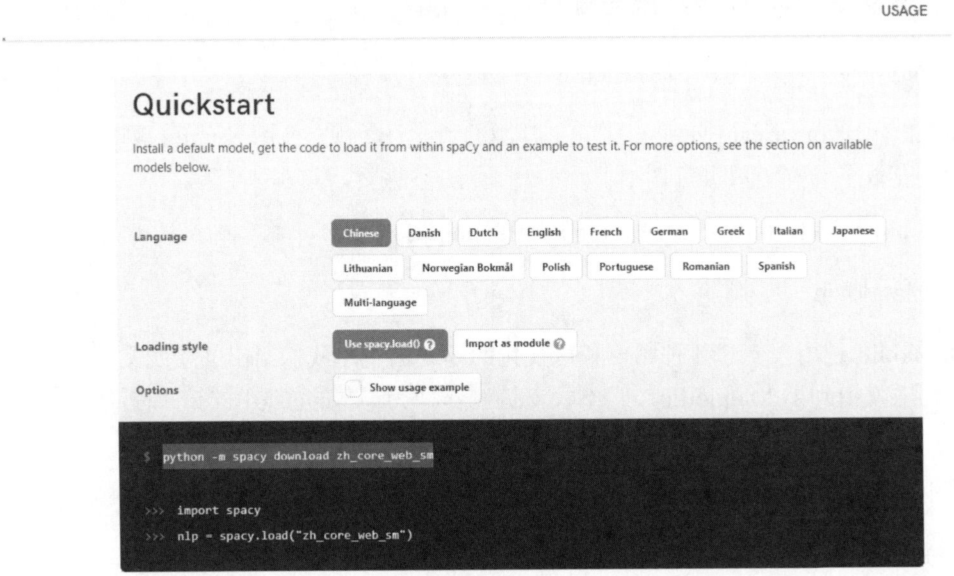

图 2.5　使用方法

在安装的过程中若网络不稳定，就有可能会出现网络相关的错误提示，如"requests. exceptions.ConnectionError: ('Connection aborted.', ConnectionResetError(10054, 'An existing connection was forcibly closed by the remote host', None, 10054, None))"。此时可以尝试更换网络环境或者使用网络代理。安装成功的结果如图 2.6 所示，可以看到下载的压缩包大小大概为 48MB。倒数第二行的输出提示了载入模型的代码为 spacy.load('zh_core_web_sm')。

```
C:\Users\sxwxs>python -m spacy download zh_core_web_sm
Looking in indexes: https://pypi.tuna.tsinghua.edu.cn/simple
Collecting zh_core_web_sm==2.3.1
  Downloading https://github.com/explosion/spacy-models/releases/download/zh_core_web_sm-2.3.1/zh_core_web_sm-2.3.1.tar.gz
                                              47.9 MB 297 kB/s
Requirement already satisfied: spacy<2.4.0,>=2.3.0 in c:\users\sxwxs\appdata\local\programs\python\python38\lib\site-packag
Requirement already satisfied: jieba in c:\users\sxwxs\appdata\local\programs\python\python38\lib\site-packages (from zh_co
Requirement already satisfied: pkuseg>=0.0.22 in c:\users\sxwxs\appdata\local\programs\python\python38\lib\site-packages (f
Requirement already satisfied: wasabi<1.1.0,>=0.4.0 in c:\users\sxwxs\appdata\local\programs\python\python38\lib\site-packa
Requirement already satisfied: tqdm<5.0.0,>=4.38.0 in c:\users\sxwxs\appdata\local\programs\python\python38\lib\site-packag
Requirement already satisfied: numpy>=1.15.0 in c:\users\sxwxs\appdata\local\programs\python\python38\lib\site-packages (fr
Requirement already satisfied: cymem<2.1.0,>=2.0.2 in c:\users\sxwxs\appdata\local\programs\python\python38\lib\site-packag
Requirement already satisfied: requests<3.0.0,>=2.13.0 in c:\users\sxwxs\appdata\local\programs\python\python38\lib\site-pa
Requirement already satisfied: blis<0.8.0,>=0.4.0 in c:\users\sxwxs\appdata\local\programs\python\python38\lib\site-package
Requirement already satisfied: thinc<7.5.0,>=7.4.1 in c:\users\sxwxs\appdata\local\programs\python\python38\lib\site-package
Requirement already satisfied: setuptools in c:\users\sxwxs\appdata\local\programs\python\python38\lib\site-packages (from
Requirement already satisfied: catalogue<1.1.0,>=0.0.7 in c:\users\sxwxs\appdata\local\programs\python\python38\lib\site-pa
Requirement already satisfied: srsly<1.1.0,>=1.0.2 in c:\users\sxwxs\appdata\local\programs\python\python38\lib\site-packag
Requirement already satisfied: preshed<3.1.0,>=3.0.2 in c:\users\sxwxs\appdata\local\programs\python\python38\lib\site-pack
Requirement already satisfied: murmurhash<1.1.0,>=0.28.0 in c:\users\sxwxs\appdata\local\programs\python\python38\lib\site-
Requirement already satisfied: plac<1.2.0,>=0.9.6 in c:\users\sxwxs\appdata\local\programs\python\python38\lib\site-package
Requirement already satisfied: cython in c:\users\sxwxs\appdata\local\programs\python\python38\lib\site-package
Requirement already satisfied: urllib3!=1.25.0,!=1.25.1,<1.26,>=1.21.1 in c:\users\sxwxs\appdata\local\programs\python\pyth
Requirement already satisfied: idna<3,>=2.5 in c:\users\sxwxs\appdata\local\programs\python\python38\lib\site-packages (fro
Requirement already satisfied: certifi>=2017.4.17 in c:\users\sxwxs\appdata\local\programs\python\python38\lib\site-package
Requirement already satisfied: chardet<4,>=3.0.2 in c:\users\sxwxs\appdata\local\programs\python\python38\lib\site-packages
Building wheels for collected packages: zh-core-web-sm
  Building wheel for zh-core-web-sm (setup.py) ... done
  Created wheel for zh-core-web-sm: filename=zh_core_web_sm-2.3.1-py3-none-any.whl size=47614886 sha256=df6f4698cd60792b6ce
  Stored in directory: C:\Users\sxwxs\AppData\Local\Temp\pip-ephem-wheel-cache-ytpchq2s\wheels\9b\bc\29\a719d80ab3ec01eb000
Successfully built zh-core-web-sm
Installing collected packages: zh-core-web-sm
Successfully installed zh-core-web-sm-2.3.1
□Download and installation successful
You can now load the model via spacy.load('zh_core_web_sm')

C:\Users\sxwxs>
```

图 2.6　安装成功的结果

下面介绍使用该模型完成中文的命名实体识别任务的步骤。

第一步，导入包和载入模型，代码如下。

```
import spacy
nlp = spacy.load("zh_core_web_sm")
```

这一步的输出如下。

```
Building prefix dict from the default dictionary ...
Dumping model to file cache C:\Users\sxwxs\AppData\Local\Temp\jieba.cache
Loading model cost 1.009 seconds.
Prefix dict has been built successfully.
```

第二步，定义要识别的文字，运行模型，代码如下。

```
text = (
"""我家的后面有一个很大的园，相传叫作百草园。现在是早已并屋子一起卖给朱文公的子孙了，连那最末次的相见
也已经隔了七八年，其中似乎确凿只有一些野草；但那时却是我的乐园。

不必说碧绿的菜畦，光滑的石井栏，高大的皂荚树，紫红的桑椹；也不必说鸣蝉在树叶里长吟，肥胖的黄蜂伏在菜花
上，轻捷的叫天子（云雀）忽然从草间直窜向云霄里去了。单是周围的短短的泥墙根一带，就有无限趣味。油蛉在这
里低唱，蟋蟀们在这里弹琴。翻开断砖来，有时会遇见蜈蚣；还有斑蝥，倘若用手指按住它的脊梁，便会拍的一声，
从后窍喷出一阵烟雾。何首乌藤和木莲藤缠络着，木莲有莲房一般的果实，何首乌有拥肿的根。有人说，何首乌根是
有象人形的，吃了便可以成仙，我于是常常拔它起来，牵连不断地拔起来，也曾因此弄坏了泥墙，却从来没有见过有
一块根象人样。如果不怕刺，还可以摘到覆盆子，象小珊瑚珠攒成的小球，又酸又甜，色味都比桑椹要好得远。

长的草里是不去的，因为相传这园里有一条很大的赤练蛇。
""")
doc = nlp(text)
```

这里使用的文字是鲁迅先生的文章《从百草园到三味书屋》中的开头的部分。这一步没有输出。

第三步，分类输出结果，代码如下。

```
print("动词:", [token.lemma_ for token in doc if token.pos_ == "VERB"])
for entity in doc.ents:
    print(entity.text, entity.label_)
```

输出结果如下。

```
动词: ['有', '相传', '叫', '是', '卖给', '末次', '隔', '确凿', '是', '说', '光滑', '说',
'鸣蝉', '长吟', '肥胖', '轻捷', '叫', '直窜', '去', '是', '有', '低唱', '弹琴', '翻', '开断',
'会', '遇见', '按住', '会', '拍', '缠络', '有', '一般', '有', '拥肿', '说', '有', '象', '吃',
'可以', '成仙', '拔', '起来', '牵连', '地拔', '起来', '弄', '坏', '见', '有', '怕刺', '可以',
'覆盆子', '攒成', '酸', '甜', '要好', '远', '长', '是', '去', '相传', '有', '大']
朱文公 PERSON
七八年 DATE
黄蜂伏 PERSON
云霄 GPE
乌藤 GPE
乌根是 GPE
```

可以看到模型对人名"朱文公"识别正确，却把"黄蜂"和"伏"识别成"黄蜂伏"。但总体的结果可以接受。

6. 结巴分词

结巴（jieba）分词是开源的中文分词工具，提供了多种分词模式，可以兼容 Python 2 和 Python 3。

使用 pip 安装结巴分词的命令：pip install jieba。

7. pkuseg

pkuseg 是基于论文 *PKUSEG: A Toolkit for Multi-Domain Chinese Word Segmentation* 的多领域中文分词包。pkuseg 仅支持 Python 3。

pkuseg 的 GitHub 主页给出了其与其他分词工具的效果比较结果，如表 2.1 和表 2.2 所示。

表 2.1　在 MSRA 数据集上的效果比较结果[1]

MSRA	Precision	Recall	F-score
jieba	87.01	89.88	88.42
THULAC	95.6	95.91	95.71
pkuseg	96.94	96.81	96.88

---

[1]　数据引自开源项目 pkuseg-python（表 2.2 同）。

表 2.2 在 WEIBO 数据集上的效果比较结果

WEIBO	Precision	Recall	F-score
jieba	87.79	87.54	87.66
THULAC	93.4	92.4	92.87
pkuseg	93.78	94.65	94.21

8. wn

wn 是用于加载和使用 wordnet 的 python 包。

使用 pip 安装 wn 命令：pip install wn。wordnet 是一个英语词汇的语义网络，包括词以及词与词之间的关系。

wn 通过 import wn 命令导入，使用 wn.download 方法下载指定的 wordnet 数据。wn 支持的 wordnet 数据集如表 2.3 所示。

表 2.3 wn 支持的 wordnet 数据

名称	ID	语言（ID）
Open English WordNet	ewn	英语（en）
Princeton WordNet	pwn	英语（en）
Open Multilingual Wordnet	omw	多语言
Open German WordNet	odenet	德语（de）

2.2 用 Python 处理字符串

本节我们介绍 Python 中用于表示字符串的不可变对象 str 和用于构造可以修改的字符串对象的 StringIO 类。

2.2.1 使用 str 类型

str 类型是 Python 的内置类型。在 Python 中我们使用 str 对象存储字符串。要特别注意的是，与 C/C++语言中的字符串不同，Python 中的字符串是不可变对象。虽然 str 对象可以用索引运算符获取指定位置上的字符，但是无法修改其值，只能读取。而且所有引起字符串内容改变的操作，例如字符串拼接、字符串替换等，都会生成新的 str 对象。此外，str 对象采用的编码是 Unicode。下面介绍 str 对象的基本操作。

1. 定义字符串与字符串常量

Python 中不区分单引号和双引号（二者等价），也没有字符和字符串的区别，字符就是长度为 1 的字符串。定义字符串可以通过 str 构造器实现，代码如下。

```
empty_str = str()  # 创建空字符串，结果是 ''
str_from_int = str(12345)  # str 构造器把整数类型转换成字符串类型
```

也可以通过字符串常量定义字符串。普通的字符串常量有两种，一种是一对引号，另一种是两组连续的 3 个引号。连续 3 个引号用于声明跨行字符串，两组引号之间的所有字符都被包含到字符串中，包含空格、换行符等，代码如下。

```
str1 = 'hello world'  # 声明字符串
# 声明跨行字符串
str2 = '''Hi,
How are you?

Your friend.
'''
```

另外，Python 还支持原始字符串、Unicode 字符串和格式化字符串 3 种前缀字符串常量。前缀是指在字符串常量的第一个引号前加一个前缀，用于说明这个字符串的类型，代码如下。

```
str1 = r'\n'  # 这个字符串得到的内容是两个字符反斜线和 n，如果是普通字符串则得到一个换行符
str2 = f'str1 = {str1}'  # 格式化字符串会把{}中的内容替换成对应变量的值
str3 = u'你好'  # Unicode 字符串
```

r 前缀声明的是原始字符串，原始字符串中的转义字符均不生效；f 前缀声明的是格式化字符串，会把{}中的内容替换成对应变量的值；u 前缀声明的是 Unicode 字符串。

注意：Python 3 中的 Unicode 字符串是没有意义的，因为 Python 的普通字符串也使用 Unicode 编码，这个功能是 Python 2 引入的，Python 3 保留这个功能是为了与 Python 2 保持兼容。

2. 索引和遍历

与 C 语言的字符串类似，在 Python 中可以使用索引访问字符串中任意位置的字符。但在 Python 中无法通过索引改变字符串中的字符。

可以通过 len 函数获取字符串对象的长度，然后在该长度范围内访问或者遍历字符串，如果访问的位置超过字符串长度会引发 IndexError。另外，可以使用 for in 关键字按顺序遍历字符串。

```
str1 = 'abcdABCD'# 定义字符串

# 通过 for 循环，使用下标遍历字符串
for i in range(len(str1)):
    print(i, str1[i], ord(str1[i]))

# 通过 while 循环遍历字符串
i = 0
while i < len(str1):
    print(i, str1[i], ord(str1[i]))
    i += 1
```

```
# 通过 for each 遍历字符串
for ch in str1:
    print(ch, ord(ch))

# 通过 for each 遍历字符串，并同时获得下标
for i, ch in enumerate(str1):
    print(i, ch, ord(ch))
```

注意：上面代码中最后一个 for 循环中使用的 enumerate 函数用于把可迭代对象转换成索引和元素的组合。

上面代码中带索引的输出结果如下。

```
0 a 97
1 b 98
2 c 99
3 d 100
4 A 65
5 B 66
6 C 67
7 D 68
```

不带索引的输出结果如下。

```
a 97
b 98
c 99
d 100
A 65
B 66
C 67
D 68
```

3. 字符和字符编码值的相互转换

Python 提供了 ord 函数和 chr 函数，用于获取字符的编码值和获取编码值对应的字符，代码如下。

```
a = ord('你')   # a 是 int 类型，a 的值是 "你"，对应的编码是 20320
b = chr(22909)  # b 是字符串类型，b 的值是 "好"，是 22909 编码对应的字符
```

注意：ord 函数的参数只能是长度为 1 的字符串，如果不是会引发 TypeError。

4. 字符串和列表的相互转换

split 函数可以按照一个指定字符或子串把字符串切割成包含多个字符串的列表，然后这个指定字符或子串会被删除。

如果想把字符串转换成列表，可以使用列表构造器，传入一个字符串，直接把该字符串转换成包含所有字符的列表。把列表转换为字符串常用 join 方法，代码如下。

```
str1 = 'hello world'
words = str1.split(' ')  # 按空格切分，得到 ['hello', 'world']
chars = list(str1) # 得到 ['h', 'e', 'l', 'l', 'o', ' ', 'w', 'o', 'r', 'l', 'd']
words = ['hello', 'world', '! ']
str2 = ''.join(words) # 得到 'helloworld!'
str3 = ' '.join(words) # 得到 'hello world !'
```

5. str 对象和 bytes 对象的相互转换

bytes 对象是比特串，它和 str 对象很相似，二者的区别是 bytes 是没有编码的二进制数据，可以使用 b 前缀的字符串定义 bytes 对象，如 bytes1 = b'hello'。使用 str 构造器转换 bytes 对象只能得到 bytes 对象的字符串描述，我们应该使用 bytes 对象的 decode 方法，指定一种编码把 bytes 对象转换成 str 对象。str 对象则通过 encode 方法指定一种编码转换成 bytes 对象。

6. str 对象的常用方法

str 对象的常用方法如下。

❏ find：查找指定字符/字符串在一个字符串中的出现位置或是否出现，若出现则返回第一次出现的下标，若没有出现则返回-1。

❏ rfind：返回倒数第一个指定字符串出现的位置，如果没有则返回-1。

❏ count：查找一个字符串中指定子串或字符出现的次数，返回出现的次数。

❏ startswith：确定一个字符串是否以某子串或字符开头，返回值是布尔值。

❏ endswith：确定一个字符串是否以某子串或字符结尾，返回值是布尔值。

❏ isdigit：判断字符串是否为一个数字。

❏ isalpha：判断字符串是否为一个字母。

❏ isupper：判断字符串是否为大写。

❏ lstrip：删除开头的指定字符。

❏ rstrip：删除结尾的指定字符。

❏ strip：可以删除字符串首尾的指定字符，如果不传入任何参数则默认删除空格。相当于同时使用 lstrip 方法和 rstrip 方法。

❏ replace：用于字符串内容的替换。replace 方法和 strip 方法都会构造新的字符串，而不是修改原字符串。因为 Python 中的 str 对象是不可变对象。

❏ center：可以指定一个宽度，并把字符串内容居中。

center 方法的使用方法如下。

```
import json
s = 'hello'
print(json.dumps(s.center(10)))
```

输出结果如下。

```
"  hello   "
```

2.2.2　使用 StringIO 类

因为 Python 中的 str 对象是不可变对象，所以如果需要频繁改变一个字符串的内容，使用 str 对象效率不高。有两种改变字符串内容的方法：一是使用列表存储每个字符，然后通过列表和 str 对象相互转换的方法实现；二是使用 StringIO 类。

StringIO 类会创建一个内存缓冲区，可以通过 write 方法向缓冲区内写入字符串，使用 getvalue 方法获取缓冲区内的字符串，代码如下。

```
import io
sio = io.StringIO()
sio.write('hello')
sio.write(' ')
sio.write('world')
print(sio.getvalue())  # 输出 hello world
sio.close()
```

2.3　用 Python 处理语料

本节介绍如何用 Python 处理语料，包括把语料载入内存、针对不同格式的语料进行处理以及进一步地进行分词、词频统计等操作。

2.3.1　从文件读取语料

1．文本文件

Python 3 读取文本文件一般需要指定编码，多数语料文件会采用 UTF-8 编码，提供语料的页面往往会有关于编码的说明。如果语料文件是按行分割的，比如每行是一段独立的话，可以使用文件对象的 readlines 方法一次性读取这个文件所有的行，得到一个列表，其中的每个元素是文件中的一行。

有的语料每行又根据指定分隔符分成多个字段，比如对一个英汉词典文件按行分割，每行是一个英语单词及其中文解释，单词和中文解释又通过空格分隔。可以用 for in 按行遍历文件对象，然后对每行使用 split 方法按空格切分。如果这个词典文件的文件名是 dictionary.txt，文件编码是 UTF-8，内容如下。

hello 喂，你好

world 世界

language 语言

computer 计算机

可以使用如下代码把文件内容读取到内存。

```
f = open('dictionary.txt', encoding='utf8')  # 使用 UTF-8 编码打开文件
words = []  # 定义空的 list 用于存放所有词语
for l in f:  # 按行遍历文件
        word = l.strip().split(' ')  # 先去除行尾换行符，然后把单词和中文切分开
        words.append(word)  # 把单词和中文意思加入 list
f.close()  # 关闭文件
```

最后得到的 words 变量是一个嵌套的列表，内容如下。

```
[
        ['hello', '喂，你好'],
        ['world', '世界' ],
        ['language', '语言'],
        ['computer', '计算机' ]
]
```

这里列表中的每个元素是长度为 2 的列表，其中第一个元素是英语单词，第二个元素是对应的中文意思。

2. CSV 文件

逗号分隔值文件（Comma Separated Values，CSV）按行分割，行又按逗号分列（或者说字段）。CSV 文件可以使用电子表格软件打开（如 Microsoft Excel 或 WPS），也可以直接作为文本文件打开。类似的还有 TSV 文件，TSV 文件的分隔符是 tab，即'\t'。

在 Python 中可使用 CSV 包读写 CSV 文件，代码示例如下。

```
import csv
f = open('file.csv, encoding='utf8')  # 使用 UTF-8 编码打开文件
reader = csv.reader(f)
lines = []  # 定义空的 list 用于存放每行的内容
for l in reader:  # 按行遍历 CSV 文件
        lines.append(l)
```

3. JSON 文件

JSON（JavaScript Object Notation）是一种基于 JavaScript 语言的数据结构的数据表示方法，可以把多种数据结构转换成字符串。Python 提供内置的 json 包用于处理 JSON 格式的数据。

JSON 格式的文件又分为 json 和 jl 两种，一般 JSON 文件的整个文件是一个 JSON 对象，可以使用 read 方法读取所有内容，再通过 json.loads 函数转换成对象，或者直接通过 json.load 从文件解析对象。jl 则是按行分割的文件格式，每行是一个 JSON 对象，可以先按行读取文件，对每行的内容使用 json.loads 解析。

2.3.2 去重

在 Python 中可以使用内置的集合（set）数据结构执行去重操作。集合的添加（add）方法是把一个对象加入集合，然后使用关键字 in 确定一个对象是否在集合中。或者可以用集合构造器把列表转换为集合中的对象，因为集合中的对象不允许有重复元素，所以重复对象会自动去掉。集合中插入一个元素和判断一个元素是否存在的平均时间复杂度都是常数级别，但使用内存较多。

更省内存的方法是把列表排序并遍历，排序后只需要检测相邻元素是否重复即可找到所有重复元素。

对于大量数据去重可以考虑使用 BitMap，或者使用布隆过滤器（Bloom Filter）。

注意：布隆过滤器的结果并不一定 100%准确，但可以通过使用多个哈希函数得到较高的可靠性。

2.3.3 停用词

停用词即 stop words，是规定的一个语料中频繁使用的词语或不包含明确信息的词语，如中文中的"的""一些"或者英语中的"the""a""an"等。中文的停用词表可以参考 GitHub 的代码仓库：https://github.com/goto456/stopwords。可以使用 Python 的集合数据结构加载停用词表，然后高效地去除语料中的停用词。

2.3.4 编辑距离

编辑距离是衡量两个字符串间差异的一种度量。编辑距离定义了 3 种基本操作：插入一个字符、删除一个字符、替换一个字符。两个字符串间的编辑距离就是把一个字符串变成另一个字符串所需的最少基本操作的步数。

编辑距离可以使用动态规划算法计算，代码如下。

```python
def minDistance(word1: str, word2: str) -> int:
    n = len(word1)  # 字符串 1 的长度
    m = len(word2)  # 字符串 2 的长度
    dp = [[0] * (m+1) for _ in range(n+1)]  # 定义 dp 数组
    for i in range(m+1): dp[0][i] = I  # 初始化 dp 数组
    for i in range(n+1): dp[i][0] = i
    for i in range(1, n+1):
        for j in range(1, m+1):
            if word1[i-1] == word2[j-1]:
                dp[i][j] = dp[i-1][j-1]
            else:
                dp[i][j] = min(dp[i][j-1], dp[i-1][j], dp[i-1][j-1]) + 1
    return dp[-1][-1]
```

注意：这段代码的第一行使用了变量类型标注方法，即标注函数的两个参数都是 str 类型，函数返回值是 int 类型，但这个不是强制的，仅起到标注作用。该语法由 Python 3.6 引入。

2.3.5　文本规范化

文本规范化即 Text Normalization，指按照某种方法对语料进行转换、清洗和标准化。例如去掉语料中多余的白空格和停用词，统一英文语料单词单复数、过去式等形式，去掉或替换带有重音符号的字母。下面是 BERT-KPE 中的英文文本规范化代码[1]。

```python
import unicodedata  # Python 内置模块

class DEL_ASCII(object):
    ''' 在方法 `refactor_text_vdom` 中被使用，用于过滤掉字符: b'\xef\xb8\x8f' '''
    def do(self, text):
        orig_tokens = self.whitespace_tokenize(text)
        split_tokens = []
        for token in orig_tokens:
            token = self._run_strip_accents(token)
            split_tokens.extend(self._run_split_on_punc(token))
        output_tokens = self.whitespace_tokenize(" ".join(split_tokens))
        return output_tokens

    def whitespace_tokenize(self, text):
        """清理白空格并按单词切分句子"""
        text = text.strip()  # 去掉首尾空格、换行符、分隔符等白空格字符
        if not text: # 可能本来就是空串或者只包含白空格
            return []
        tokens = text.split()  # 按白空格切分
        return tokens

    def _run_strip_accents(self, text):
        """去掉重音符号"""
        text = unicodedata.normalize("NFD", text)
        output = []
        for char in text:
            cat = unicodedata.category(char)  # 获取字符的类别
            if cat == "Mn": # 意思是 Mark, Nonspacing
                continue
            output.append(char)
        return "".join(output)

    def _run_split_on_punc(self, text):
        """切分标点符号"""
        chars = list(text)    # 转换成每个元素都是单个字符的列表
```

---

[1]　该段代码来自开源项目 BERT-KPE。

```
    i = 0
    start_new_word = True  # 单词的边界，新单词的开始
    output = []
    while i < len(chars):
        char = chars[i]
        if self._is_punctuation(char):  # 如果非数字、字母、空格
            output.append([char]) # 标点
            start_new_word = True
        else:
            if start_new_word:
                output.append([])
            start_new_word = False
            output[-1].append(char)
        i += 1
    return ["".join(x) for x in output]

def _is_punctuation(self, char):
    """检查一个字符是不是标点符号"""
    cp = ord(char)
    # 把所有非字母、非数字、非空格的 ASCII 字符看成标点
    # 虽然如 "^" "$" 和 "`" 等字符不在 Unicode 的标点符号分类中
    if ((cp >= 33 and cp <= 47) or (cp >= 58 and cp <= 64) or
        (cp >= 91 and cp <= 96) or (cp >= 123 and cp <= 126)):
        return True
    cat = unicodedata.category(char)
    if cat.startswith("P"):
        return True
    return False
```

例如句子 "'   Today, I   submitted my résumé.   '" 首尾有空格，中间单词 "I" 和单词 "submitted" 之间有多个连续空格，还有单词 "résumé" 包含带有重音符号的字母。

```
del_ascii = DEL_ASCII()
print(del_ascii.do('    Today, I    submitted my résumé.    '))
```

代码运行的结果如下。

```
['Today', ',', 'I', 'submitted', 'my', 'resume', '.']
```

字母 é 和 e 的编码是不同的，可以通过 ord 函数查看其编码。

```
print(ord('é'), ord('e'))
```

输出结果如下。

```
233 101
```

可以使用 chr 函数输出附近的字符。

```
for i in range(192, 250):
    print(i, chr(i), end='  ')
```

输出结果如下。

```
192 À  193 Á  194 Â  195 Ã  196 Ä  197 Å  198 Æ  199 Ç  200 È  201 É  202 Ê  203 Ë
204 Ì  205 Í  206 Î  207 Ï  208 Đ  209 Ñ  210 Ò  211 Ó  212 Ô  213 Õ  214 Ö  215 ×
```

```
216 Ø   217 Ù   218 Ú   219 Û   220 Ü   221 Ý   222 Þ   223 ß   224 à   225 á   226 â   227 ã   228
ä 229 å   230 æ   231 ç   232 è   233 é   234 ê   235 ë   236 ì   237 í   238 î   239 ï   240 ð
241 ñ   242 ò   243 ó   244 ô   245 õ   246 ö   247 ÷   248 ø   249 ù
```

2.3.6　分词

分词就是把句子切分为词语。在英语中分词可直接按照空格切分,因为英语句子已经使用空格把不同单词隔开了。但中文中分词是比较困难的,正如第 1 章我们提到的,对于同样的句子,有时候不同的切分方法会呈现不同的意思,有时候不同的切分方法都有一定合理性,有时候人类对其理解时会产生分歧。常用的中文分词方法有基于字符串匹配的分词方法和基于统计的分词方法等。

1.　基于字符串匹配的分词方法

这种方法又叫机械分词方法。首先需要定义一个词表,表中包含当前语料中的全部词语。然后按照一定规则扫描待分词的文本,匹配到表中的词语就把它切分开来。扫描规则可分为 3 种:正向最大匹配,即从开头向结尾扫描;逆向最大匹配,即从结尾向开头扫描;最少切分,即尝试使每句话切分出最少的词语。

2.　基于统计的分词方法

在一大段语料中统计字与字或者词与词的上下文关系,统计字或者词共同出现的次数。然后对于要切分的文本,可以按照这个已经统计到的出现次数,选择概率尽可能大的切分方法。下面的代码是使用 1998 年 1 月《人民日报》语料(这是一个已经分好词并标注了词性的语料,这里只用了分词的结果而忽略了词性)统计两个词共同出现的概率。

```python
class TextSpliter(object):
    def __init__(self, corpus_path, encoding='utf8', max_load_word_length=4):
        self.dict = {}
        self.dict2 = {}
        self.max_word_length = 1
        begin_time = time.time()
        print('start load corpus from %s' % corpus_path)
        # 加载语料
        with open(corpus_path, 'r', encoding=encoding) as f:
            for l in f:
                l.replace('[', '')
                l.replace(']', '')
                wds = l.strip().split(' ')
                last_wd = ''
                for i in range(1, len(wds)): # 下标从 1 开始,因为每行第一个词是标签
                    try:
                        wd, wtype = wds[i].split('/')
                    except:
```

```
                continue
        if len(wd) == 0 or len(wd) > max_load_word_length or not wd.isalpha():
            continue
        if wd not in self.dict:
            self.dict[wd] = 0
            if len(wd) > self.max_word_length:
                # 更新最大词长度
                self.max_word_length = len(wd)
                print('max_word_length=%d, word is %s' %(self.max_word_length, wd))
        self.dict[wd] += 1
        if last_wd:
            if last_wd+':'+wd not in self.dict2:
                self.dict2[last_wd+':'+wd] = 0
            self.dict2[last_wd+':'+wd] += 1
        last_wd = wd
    self.words_cnt = 0
    max_c = 0
    for wd in self.dict:
        self.words_cnt += self.dict[wd]
        if self.dict[wd] > max_c:
            max_c = self.dict[wd]
    self.words2_cnt = sum(self.dict2.values())
    print('load corpus finished, %d words in dict and frequency is %d, %d words in
dict2 frequency is %d' % (len(self.dict),len(self.dict2), self.words_cnt, self.words2_
cnt), 'msg')
    print('%f seconds elapsed' % (time.time()-begin_time), 'msg')
```

上述代码完成了统计词语共同出现的频率，对于待分词文本的处理则需要计算可能的各种分词方式的概率，然后选择一种概率最大的分词方式得出分词结果。第 6 章有该方法的全部代码。

2.3.7 词频-逆文本频率

TF-IDF 在第 1 章简要介绍过，该算法可以用于寻找一篇文档中重要的词语。scikit-learn 中提供了计算 TF-IDF 的类 TfidfVectorizer。

2.3.8 One-Hot 编码

使用神经网络模型时一般需要使用向量表示自然语言中的符号，也就是词或字，最简单的表示方法是 One-Hot 编码。One-Hot 编码是先遍历语料，找出所有的字或词，例如有 10 个词，对其进行编号（从 1 到 10，每个数字代表一个词语），转换成向量则每个词都是 10 维向量，每个向量只有 1 位为 1，其余位为 0。第一个词编号是 1，向量是[1,0,0,0,0,0,0,0,0,0]；第二个词编号是 2，向量是[0,1,0,0,0,0,0,0,0,0]；最后一个词编号是 10，向量是[0,0,0,0,0,0,0,0,0,1]。

第 8 章将详细地介绍 One-Hot 编码和一些其他的编码方法。

2.4　Python 的一些特性

Python 是一种跨平台的高级语言，主要的优点是语法简洁、抽象程度高，内置的第三方库种类丰富，容易调用其他语言编写的程序。

2.4.1　动态的解释型语言

Python 是动态的解释型语言，变量无须声明，且 Python 代码会先被解释器实时翻译成一种字节码，然后执行。这意味着 Python 代码执行之前可能不会被整体进行编译，所以和一些编译型语言的编译器相比，Python 解释器对错误的检查能力稍弱。

解释器只对全部代码执行语法的检查，很多错误可能需要执行到具体的地方才会被发现。包含了未声明变量 val 的代码示例如下。

```
import time
c = 0
for i in range(10):
    if i < 5:
        c += i
        time.sleep(0.5)  # 阻塞 0.5 秒
    else:
        c += val  # val 变量没有定义，这里会报错
```

注意：上面提到 Python 代码执行之前可能不会整体编译，实际上 Python 解释器可能会对 Python 文件或模块进行预编译，提前生成字节码。但基于 Python 动态语言的特性，如上面的 val 错误还是无法被提前发现。

这段代码使用 time.sleep 函数模拟一个耗时的操作，实际上刚运行时，没有任何报错，虽然很明显 val 是未声明的。执行大概 2.5 秒后解释器才提醒："NameError: name 'val' is not defined"。

与之相比，同样功能的 C 语言程序可能如下。

```
#include <windows.h>
int main() {
    int c;
    for(int i=0;i<10;i++ ) {
        if (i < 5) {
            c += 1;
            Sleep(500);  // 阻塞 500 毫秒，即 0.5 秒
        }
        else {
        c += val;  // val 变量没有声明，编译器能在编译时指出错误
        }
```

```
    }
    return 0;
}
```

该 C 语言程序编译无法通过。编译器直接提示："[Error] 'val' was not declared in this scope"。

这是因为 Python 解释器不执行到包含 val 的语句，就无法判定 val 到底是否存在，所以不执行到这一句，解释器就不会给出提示。

2.4.2 跨平台

Python 本身是跨平台的，解释器已经屏蔽了操作系统和硬件的差异。但实际上有一些库并不一定能跨平台。

许多库可能依赖某些操作系统的特殊调用，或者就是专门为某些操作系统设计的，因此无法兼容不同的操作系统。

事实上很多包在不同平台中也是不同的，如果一些包使用了其他语言编写库，可能需要通过在不同平台分别编译来实现跨平台。甚至具体的代码需要根据不同的平台做出适应，即这些包的代码需要手动调整以适应不同平台。

2.4.3 性能问题

Python 的性能问题受到很多诟病。Python 确实不是一种追求高性能的语言，应该避免在 Python 中直接使用大量的迭代操作，否则性能与其他语言（如 C++、Go 语言等）会有较大差距。

机器学习会涉及大量计算任务，而实际上 Numpy 和 PyTorch 这样的库虽然使用 Python 语言，但在底层调用了 C 语言或者 CUDA 等语言编写的模块来执行实际的运算，Python 实现的部分不会涉及大量的计算。

另外，Python 难以进行精确的内存管理，尤其在使用列表、map 等内置数据结构时，虽然方便，但对内存的使用并不一定高效，且难以人工干预，但这一般不会造成很大的问题。

2.4.4 并行和并发

并行指计算机在同一时刻执行多个不同任务。并发则指计算机可以快速地处理同时出现的任务，但并不一定在同一时刻处理完成，而可能是在某一时刻只处理一个任务，但在极短的时间内快速地在多个任务间切换。

并行用于处理计算密集型任务，如计算复杂的问题（训练机器学习的模型）。这种情况下中央处理器（Central Processing Unit, CPU）的负载很高，使用 CPU 或图形处理器（Graphics Processing Unit, GPU）多个核同时运行可以显著减少任务时间，即把一个大任务分成多个小任务，多个进程同时分别执行小任务。处理计算密集型任务可使用多线程或多进程。

注意：在 Python 中不能使用多线程处理计算密集型任务。

并发则对应 IO 密集型任务，如同时读写多个文件或同时处理大量网络请求。这种情况下 CPU 负载不一定很高，但涉及很多任务，不一定需要使用多个核。

对于 Python 来说很重要的一个问题是其多线程无法并行，即不能处理计算密集型任务。因为 Python 解释器（指 CPython 解释器）中有一个解释器全局锁（Global Interpreter Lock，GIL），保证一个进程中的所有线程同一时刻只有一个能占用 CPU，所以 Python 即使使用多线程，最多也只能同时占用一个 CPU 核。

注意：CPython 是官方的 Python 实现，CPython 由于有 GIL，所以其多线程不适合做计算密集型任务。

除了多线程和多进程，Python 3.7 以后的版本开始原生支持异步编程，相比多线程，异步编程可以更高效地处理 IO 密集型任务。

2.5　在 Python 中调用其他语言

作为一种抽象程度很高的语言，Python 有很多限制，如：str 是不可变对象，其中的内容无法修改，即使只修改一个字符也得重新生成一个 str 对象；GIL 导致多线程无法用于计算密集型任务。

但是如果在 Python 中调用其他语言就可以灵活地处理这些问题，并且很多涉及较多计算的操作用 Python 代码完成比较耗时，而换成功能完全相同的 C 语言代码再通过 Python 调用则可以大大提高速度。

2.5.1　通过 ctypes 调用 C/C++代码

ctypes 是 Python 的外部函数库，可通过 pip install ctypes 命令安装。它提供了与 C 语言兼容的数据类型，并允许调用动态连接库（Dynamic Linked Library, DLL）或共享库（.so 文件）中的函数。Python 可以通过该模块调用其他语言生成的 DLL 或共享库文件。

定义一个字节串，如果希望修改其中的单个字节，只能重新构造整个字节串。如下代码定义了一个字节串，但第二个字节（下标为 1）输入错了。

```
b = b'hallo world!'
print(id(b))
```

这里查看它的 ID，输出是 2310061127936。我们希望把其中的"hallo"改成"hello"。但是由于 bytes 对象和 str 对象一样，是不可改变的对象，如下代码会导致解释器提示错误。

```
b[1] = b'e'[0]
```

错误提示为 "TypeError: 'bytes' object does not support item assignment"。

但假如我们使用如下 C 语言程序。

```
with open('bytes_modify.c', 'w') as f:
    # 连续的 3 个单引号定义跨行字符串
    f.write('''
void modify_str(char * s, int i, char ch);
void modify_str(char * s, int i, char ch) {
    s[i] = ch;
}
''')
```

注意：这段代码是用 Python 写的，write 函数中的字符串是一段 C 语言代码。这里通过这段 Python 代码把 C 语言代码写入文件。

使用如下命令编译。

```
gcc -shared -Wl,-soname,adder -o bytes_modify.dll -fPIC bytes_modify.c
```

注意：Windows 下可以使用 Cygwin，它可以提供 gcc 命令和许多常用的 Linux 命令。

会得到一个.dll 文件。

再使用 ctypes 库加载这个.dll 文件。

```
import ctypes
bytes_modify = ctypes.cdll.LoadLibrary('.\\bytes_modify.dll')
```

可以通过该.dll 文件尝试修改这个 bytes 对象。

```
bytes_modify.modify_str(b, 1, ord('e'))
print(b, id(b))
```

输出如下。

```
(b'hello world!', 2310061127936)
```

bytes 对象真的被改变了，而且 ID 没有变化。

实际上把 bytes 对象换成 str 对象无法得到这个结果，str 对象并不会被改变。这种方法并不推荐，因为这不是一个正常的途径，官方文档中没有对这个情况的说明，关于该问题和一些其他有趣问题的探索可参考笔者博客[1]上关于 Python 有趣问题的一些分享。

Python 官方文档中指出，调用的函数中不应通过指针改变原对象内存中的数据，若需要可变的内存对象，应该通过 create_string_buffer 函数获取。ctypes、C 语言以及 Python 的类型对照如表 2.4 所示。

结构体和指针等高级类型可使用其他的方法获取。

---

[1] https://es2q.com/blog/tags/py-fun/。

表 2.4　ctytes、C 语言、Ptyon 类型对照

ctypes 类型	C 语言类型	Python 类型
c_bool	_Bool	bool(1)
c_char	char	单字符 bytes 对象
c_wchar	wchar_t	单字符字符串
c_byte	char	int
c_ubyte	unsigned char	int
c_short	short	int
c_ushort	unsigned short	int
c_int	int	int
c_uint	unsigned int	int
c_long	long	int
c_ulong	unsigned long	int
c_longlong	__int64 或 long long	int
c_ulonglong	unsigned __int64 或 unsigned long long	int
c_size_t	size_t	int
c_ssize_t	ssize_t 或 Py_ssize_t	int
c_float	float	float
c_double	double	float
c_longdouble	long double	float
c_char_p	char*(以 NUL 结尾)	字节串对象或 None
c_wchar_p	wchar_t*(以 NUL 结尾)	字符串或 None
c_void_p	void*	int 或 None

2.5.2　通过网络接口调用其他语言

通过网络接口调用其他语言可选择的方法有套接字（socket）或者应用层协议，如 HTTP 等。这类方法通用性较高，且可以实现不同主机间程序的相互调用。

更复杂的情况可使用如 Google 公司的 Protobuf、Microsoft 公司的 Bond 或者 FaceBook（现更名为 Meta）的 Thrift，它们都实现了类似功能，即不仅提供了跨语言、跨主机的程序间调用，还实现了高效的数据传输协议。

在一台计算机内，通过本地回环地址 127.0.0.1 进行网络通信，可以达到很高的传输效率，相当于在内存中复制数据。

2.6 小结

　　本章介绍了 Python 自然语言处理环境的搭建、集成开发环境的选择、对语料处理的基本操作，这些是自然语言处理实践的基础。在实际应用中，我们使用的输入数据往往是原始语料，需要进行读取到内存、分词、规范化到编码等处理，才能使用自然语言处理的工具处理它们。

第 2 篇

PyTorch 入门篇

第 3 章　PyTorch 介绍

PyTorch 是现在最流行的机器学习框架之一。本章将介绍 PyTorch 的特点、PyTorch 与其他机器学习框架的对比，以及 PyTorch 的环境配置。

本章主要涉及的知识点如下。

❑　PyTorch 概述及其与其他框架的对比。
❑　PyTorch 环境配置。
❑　Hugging Face Transformers 简介及安装。
❑　Apex 简介及安装。

3.1 概述

PyTorch 是 Facebook 智能研究院（FAIR）开发的开源机器学习框架。PyTorch 的官方介绍是："PyTorch 是一个 Python 包，它提供了两个高级功能，支持 GPU 的张量计算功能（类似于 NumPy）和构建可以自动求导的神经网络。"

PyTorch 目前主要由以下组件构成。

❑　torch：类似于 NumPy 的张量计算库，但是支持 GPU。
❑　torch.autograd：支持多种张量操作的自动求导库。
❑　torch.jit：提供对 TorchScript 语言的支持，可以用于从 PyTorch 代码中导出独立的模型。
❑　torch.nn：神经网络模块提供了常用模型的实现，可以用于构建自定义的模型。
❑　torch.multiprocessing：对 Python 原生的多进程库包装，在 PyTorch 中可以方便地实现跨进程的内存共享。
❑　torch.utils：提供一些通用方法，如数据加载等。

PyTorch 的官方网站上有安装方法、入门指引、案例教程和文档可供参考，同时提供中文版文档的链接。

3.2　与其他框架的比较

PyTorch 是目前最受欢迎的机器学习框架之一，它容易操作、功能强大、教程文档详细，有非常丰富的已实现的开源项目可供使用和参考。此外还有很多其他流行的机器学习开源框架，本节简要对比一下 PyTorch 与这些框架的特点。

3.2.1　TensorFlow

TensorFlow 是一个开源的机器学习框架，它的前身是 Google 公司的 DistBelief，2015 年起开始开源。TensorFlow 2.0 对其应用程序接口（Application Program Interface, API）做了统一的整理并做了很多其他方面的改进。

但是至今仍有很多代码在使用 TensorFlow 1 或者在使用 TensorFlow 1 的写法与 API。将"TensorFlow 1 时代"的代码更新到 TensorFlow 2 往往需要较大工作量。

一般认为 PyTorch 在学术界比 TensorFlow 更受欢迎，工业界可能使用 TensorFlow 更多。学者霍勒斯统计并发布了近年来一些人工智能领域顶级学术会议中的论文使用 PyTorch 和 TensorFlow 的情况。表 3.1 引用其中的数据，对比了自然语言处理相关的会议中使用两种框架的论文数量。

表 3.1　近年来自然语言处理会议中使用 PyTorch 和 TensorFlow 论文数量对比[1]

	2017		2018		2019	
	PyTorch	TensorFlow	PyTorch	TensorFlow	PyTorch	TensorFlow
ACL 会议	0	38	30	40	114	48
NAACL 会议	—	—	14	47	69	26
EMNLP 会议	4	39	55	42	125	36

可以看出 2018 年以后 ACL、NAACL 和 EMNLP 这三大会议中使用 PyTorch 的论文数量明显超过使用 TensorFlow 的论文数量。

PyTorch 的优点是使用接近 Python 语言的方式定义模型，代码简洁易于理解，并且调试方便。

注意：不只在自然语言处理领域，在其他领域，PyTorch 也越来越受研究者的欢迎。

3.2.2　PaddlePaddle

飞桨（PaddlePaddle）是百度公司推出的机器学习框架，2016 年正式开源。PaddlePaddle

---

[1]　数据来源：horace.io。

的流行程度不如 PyTorch 和 TensorFlow，但它的优点是在百度系列产品中使用较多，其中百度智能云提供了很多配套资源。

3.2.3　CNTK

CNTK（Cognitive Toolkit，原为 Computational Network Toolkit）是微软公司推出的开源机器学习框架。相比 PyTorch 和 Tensorflow，CNTK 的用户更少，而且现在 CNTK 项目已经不再活跃，并且不再发布新的主要版本。

3.3　PyTorch 环境配置

本节介绍 PyTorch 的环境配置，包括使用 GPU 时的环境配置。GPU 环境不是必需的，但可以大大提高很多模型的训练和推理执行速度。

3.3.1　通过 pip 安装

PyTorch 官方网站的 Get Started 页面给出了 pip 或者 Conda 的安装命令，如图 3.1 所示，需要选择安装的版本、操作系统类型、使用 pip 还是 Conda，以及 CUDA 版本等，选择完成后，该页面会自动给出一条安装命令。

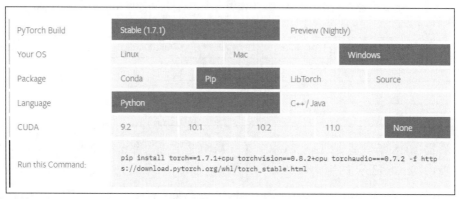

图 3.1　从官方网站获取安装命令

"PyTorch Build"选项可以选择"Stable"（稳定版本）或者"Preview"（预览版本），一般情况下应选择 Stable。"Your OS"是操作系统。"Package"是安装方式。Conda 和 pip 都是包管理软件，pip 是 Python 官方的包管理软件，推荐使用 pip。"Language"是语言，可以选择 Python。

"CUDA"表示 CUDA 版本，CUDA 是 Compute Unified Device Architecture 的缩写，是显

卡厂商英伟达（NVIDIA）公司推出的计算框架。如果你准备在安装了 NVIDIA 显卡的机器上使用 PyTorch，这里需要选择安装的 CUDA 版本。必须要正确安装显卡驱动以及 CUDA 才能正确使用 PyTorch，下一小节将更详细地介绍使用 GPU 的环境配置。如果不打算使用显卡也是完全可行的，这里直接选择 None，则会安装 CPU 版本的 PyTorch。

图 3.1 所示的选项生成的安装命令如下。

```
pip install torch==1.7.1+cpu torchvision==0.8.2+cpu torchaudio===0.7.2 -f
https://download.pytorch.org/whl/torch_stable.html
```

3.3.2　配置 GPU 环境

使用 GPU 可加快计算速度，但不是必需的。如果配置了 GPU 环境，仍然可以选择用 GPU 或者 CPU 运行模型。NVIDIA 显卡比较常用，AMD 显卡也可使用，本书只介绍使用 NVIDIA 显卡的情况。

以下安装过程以使用 Windows 10 和 NVIDIA GTX 1060 显卡为例。对于自然语言处理中的显卡的选择，一般情况下建议使用 GTX 1060/RTX 2060 及以上显卡，影响显卡在机器学习任务上的表现的主要是显卡的计算速度和显存，更大的显存可以载入更大的模型和使用更大的 Batch Size。配置 GPU 环境一般需要先后安装显卡驱动、CUDA 和 cuDNN。

1.　安装显卡驱动程序

可在 NVIDIA 官方网站找到其显卡驱动程序下载地址。可以选择下载驱动自动更新程序以便自动下载和安装驱动；或者选择驱动程序类别，搜索后手动下载和安装驱动；或者使用显卡附带的光盘安装驱动。但是实际上 Windows 10 联网后一般会自动安装驱动，所以如果操作系统中已经安装了合适的驱动可以跳过本步骤。

如果正常安装了驱动，可以查看路径 C:\Program Files\NVIDIA Corporation\NVSMI 下是否存在 nvidia-smi.exe 文件，在命令行窗口中运行这个程序，或者直接在命令行窗口中输入 nvidia-smi 命令，如果能正常显示显卡信息则说明驱动正常。

2.　安装 CUDA

在 CUDA 的下载页面先选择操作系统类型：Windows 或者 Linux。直接下载对应版本的 exe 安装包，按照提示安装即可。可以选择最新版本，也可以选择更旧的版本，因为在 PyTorch 的官方网站可能最新版本的 CUDA 还没有出现在 Get Started 页面上。

安装完成后可以使用命令 nvcc -V 查看 CUDA 版本。图 3.2 是安装 CUDA 11.0 后执行 nvcc -V 命令的结果。

图 3.2   执行 nvcc-V 命令的结果

3.   安装 cuDNN

在 NVIDIA 官方网站上 cuDNN 的下载页面进行下载。下载前需要登录 NVIDIA 账户，如果没有可以直接注册。需要选择操作系统和已经安装的 CUDA 版本。下载的文件是一个压缩包，解压后得到 bin、include 和 lib 这 3 个文件夹，把这 3 个文件夹中的内容分别复制到 CUDA 安装目录对应的同名文件夹中就可以了。CUDA 安装路径为 C:\Program Files\NVIDIA GPU Computing Toolkit\CUDA\，需要进入对应版本的 CUDA 目录。

3.3.3   其他安装方法

除了使用 pip 外，还有一些安装 PyTorch 的其他方法。

1.   编译安装

PyTorch 开源仓库首页有关于编译安装的详细步骤，这里不具体介绍。编译安装可以提供更高的灵活性，也可以在一些官方发行版没有支持的硬件平台上进行安装，但是需要安装编译工具和编译过程中依赖的软件，步骤烦琐，耗时较多。

2.   使用 Docker

Docker 是一种轻量级的虚拟化技术，使用 Docker 可以在几秒内启动一个被称为容器的虚拟环境（但是下载镜像需要一些时间，视网速而定）。Docker 官方提供了 Docker Hub，任何人都可以在这里发布自己的镜像并分享给他人。PyTorch 官方提供了多种镜像，有 CPU 版本的，而对于 GPU 版本，又有基于不同版本的 CUDA 的不同镜像可供选择，也可以选择非 PyTorch 官方发布的镜像。在 Docker Hub 上挑选镜像，然后通过一条命令就可以下载并启动容器，进入容器后是一个全新的环境，容器内的一切改动都不会影响容器外的操作系统。这样可以轻松在一个机器上运行多个不同版本的 PyTorch。

3. 安装早期的版本

早期的版本完全可以通过编译源码的方式安装，但是编译过程烦琐，而且不同版本对编译工具的要求可能会有细微差别，有时候早期版本可能需要旧版本的编译器等。所以编译安装早期版本格外麻烦。PyTorch 官方有关于历史版本的页面提供了早期版本的 PyTorch 的 whl 安装包，用户可以找到与自己的机器匹配的安装包，下载后使用"pip + 文件名"安装。

注意： 使用 pip 安装其他版本的 PyTorch 时，pip 会首先卸载已安装的版本。如果想同时保留多个版本的 PyTorch，可以使用第 2.1.3 小节中介绍的 Python 虚拟环境。

3.3.4　在 PyTorch 中查看 GPU 是否可用

可通过 torch.cuda.is_available 判断显卡是否可用；也可以依次根据不同的条件选择模型训练和执行的设备，实现同一份代码兼容有 GPU 和没有 GPU 的设备。

3.4　Transformers 简介及安装

Transformers 是 Hugging Face 发布的 Python 包，提供了包含 BERT 和 GPT 在内的多种目前先进的自然语言处理模型。这里对其只做简要介绍，第 12 章将详细介绍 Transformers 的使用方法。

这个包较早版本的名字有 pytorch_pretrained_bert 和 pytorch-transformers。新版本的 Transformers 不仅支持 PyTorch，也支持 TensorFlow。

Transformers 不仅提供了开源的模型的实现，更重要的是提供了预训练参数。BERT 和 GPT 都是预训练模型，需要在大规模的语料上做预训练，实际使用时往往要先载入预训练得到的模型，再使用具体业务的数据训练。使用 Transformers 可以直接自动联网下载预训练模型和词表，而且 Hugging Face 提供了多种模型和多种自然语言的预训练模型，下载速度通常很快。

Transformers 可以通过以下 pip 命令安装。

```
pip install transformers
```
也可以通过以下源码安装。

```
git clone https://github.com/huggingface/transformers
cd transformers
pip install .
```
注意： 最后一行的末尾有个"."，代表当前目录。

检查是否安装成功的命令如下。

```
python -c "from transformers import pipeline; print(pipeline('sentiment-analysis')
('I hate you'))"
```

49

3.5　Apex 简介及安装

Apex（A PyTorch Extension）是 NVIDIA 开发的一个 PyTorch 扩展包，用于简化混合精度训练和分布式训练。其中的 AMP（Automatic Mixed Precision）包可以实现自动的混合精度训练，可以减少显存的使用并提高训练速度。Apex 中的部分代码最终将提交到 PyTorch 代码仓库中。

安装 Apex 需要 Python 3 和 CUDA 9 及以上版本，PyTorch 版本不能低于 0.4。

Apex 需要从源码安装，在命令行窗口或终端输入如下命令。

```
git clone https://github.com/NVIDIA/apex
cd apex
pip install -v --no-cache-dir --global-option="--cpp_ext" --global-option="--cuda_ext" ./
```

3.6　小结

本章介绍了 PyTorch 和几个其他框架的基本情况。然后介绍了 PyTorch 环境的配置方法。很多时候我们可能需要运行他人发布的代码，这些代码或许需要特定版本的 PyTorch，这时可以利用 Python 虚拟环境和本章介绍的安装早期版本的方法进行安装，或者使用 Docker 镜像安装。

第 4 章　PyTorch 基本使用方法

本章将介绍 PyTorch 的基本使用方法。PyTorch 首先是一个科学计算库，基本数据类型是张量。PyTorch 可以在张量计算的基础上支持复杂神经网络的构建，并配置为构建和训练网络提供辅助的模块。

本章主要涉及的知识点如下。

❑　张量的创建与变换。
❑　张量的运算。
❑　torch.nn 模块。
❑　激活函数。
❑　损失函数。
❑　优化器。
❑　数据加载。
❑　TorchText。
❑　TensorBoard。

4.1　张量的使用

张量（Tensor）是 PyTorch 中基础的数据类型。类似于 NumPy 中的数组（Array），张量也可以方便地和 NumPy 的数组相互转换，不同的是，张量可以定义在 GPU 上（显存中），并使用 GPU 做运算。

4.1.1　创建张量

可以通过多种方法创建张量，对于多维的张量，通常需要先创建列表类型再转换成张量。通过 PyTorch 提供的一些方法也可以直接生成特定格式的张量。

1. 列表、numpy.array 与张量的相互转换

张量就是一个多维数组，与 Python 中的列表不同，张量中的每个元素都有相同的维度和数据类型。可以通过 Python 的列表定义一个张量。

```
import torch
t = torch.tensor([[1, 2, 3], [4, 5, 6]])
print(t, t.shape, t.dtype)
```

输出如下。

```
tensor([[1, 2, 3],
    [4, 5, 6]]) torch.Size([2, 3]) torch.int64
```

t.shape 得到的是张量的维度，这里是[2, 3]，即 2×3；t.dtype 则得到张量的类型，这里是 torch. int64，即 64 位整数。

注意： 除了 torch.tensor 外还有 torch.Tensor，大写的 T 表示类名，小写的 t 表示函数，把上面代码中的 tensor 换成 Tensor 也可以得到一个张量，但是结果会有细微差别，读者可以自行验证。

可以看到，在上面的例子中我们没有指定张量的维度和类型，维度可以根据给出的列表得出，类型也可以根据列表元素类型获得，如果需要特定的类型可以定义时指定。

```
t = torch.tensor([[1, 2, 3], [4, 5, 6]], dtype=torch.float32)
print(t.dtype)
```

上面代码输出的结果就是指定的 torch.float32。张量中的数据支持的类型如表 4.1 所示。

表 4.1 张量中的数据支持的类型

类型	dtype
16 位浮点数	torch.float16 或 torch.half
32 位浮点数	torch.float32 或 torch.float
64 位浮点数	torch.float64 或 torch.double
8 位无符号整数	torch.uint8
8 位有符号整数	torch.int8
16 位有符号整数	torch.int16 或 torch.short
32 位有符号整数	torch.int32 或 torch.int
64 位有符号整数	torch.int64 或 torch.long
布尔类型	torch.bool

可以将 tensor 函数的 dtype 参数设置为表 4.1 中的值来生成指定类型的张量，也可以把上文代码中的列表换成 NumPy 中的数组。相反地，可以通过输出 t.numpy 得到张量 t 对应的 NumPy 中的数组，也可以通过输出 t.tolist 获取张量 t 对应的列表。特别地，对于只有一个元素的张量，可以通过输出 t.item 获取这个元素的数值。

2. 创建全 0、全 1 或随机数张量

通过 torch.zeros 函数、torch.ones 函数和 torch.rand 函数可以创建指定大小的全 0、全 1 或者随机数张量。它们都需要一个参数 size 指定要创建的张量的大小，代码示例如下。

```
rand_tensor = torch.rand((3, 3))
ones_tensor = torch.ones((2, 2))
zeros_tensor = torch.zeros((2, 3))
print(rand_tensor)
print(ones_tensor)
print(zeros_tensor)
```

输出的结果如下。

```
tensor([[0.0186, 0.5220, 0.3977],
        [0.6392, 0.4558, 0.8147],
        [0.2062, 0.1828, 0.7102]])
tensor([[1., 1.],
        [1., 1.]])
tensor([[0., 0., 0.],
        [0., 0., 0.]])
```

另外可以通过 torch.full 函数创建填充指定值的张量，如通过 torch.full((3,3), 2)创建 3×3 的元素全是 2 的张量。

注意：

（1）torch 有 arange 函数、linspace 函数用于创建等差和等分的一维张量，有 eye 函数用于创建单位矩阵。

（2）rand 函数用于生成在(0, 1]上均匀分布的随机张量，randint 函数用于生成在指定范围内均匀分布的整数张量，randn 函数用于生成符合标准正态分布的随机张量，normal 函数用于生成符合指定参数的高斯分布的随机张量。

4.1.2　张量的变换

使用张量的变换操作可以简化代码，甚至提高程序运行效率。PyTorch 提供了丰富的张量变换方法。

1. 拼接与堆叠

使用 torch.cat 函数把多个张量拼接为一个张量，不会改变原来的维度，只是把原来张量中的指定维度的元素进行合并。

```
t1 = torch.tensor([1, 2, 3])
t2 = torch.tensor([4, 5, 6])
t3 = torch.cat([t1, t2])
print(t3)
```

得到的结果如下。

```
tensor([1, 2, 3, 4, 5, 6])
```

cat 函数的参数 dim 用于指定拼接的维度，dim 默认是 0，即第 1 个维度，上面代码中的 t1 和 t2 都只有 1 个维度，所以它们的 dim 都是 0。下面的代码展示了在不同维度使用 cat 函数拼接张量。

```
t1 = torch.tensor([[1, 2, 3], [1, 2, 3]])
t2 = torch.tensor([[4, 5, 6], [4, 5, 6]])
t3 = torch.cat([t1, t2])
t4 = torch.cat([t1, t2], dim=1)
print(t3)
print(t4)
```

输出 t3 的结果如下。

```
tensor([[1, 2, 3],
        [1, 2, 3],
        [4, 5, 6],
        [4, 5, 6]])
```

输出 t4 的结果如下。

```
tensor([[1, 2, 3, 4, 5, 6],
        [1, 2, 3, 4, 5, 6]])
```

还可以使用 stack 函数堆叠张量，同时扩展张量的维度。

```
t1 = torch.tensor([1, 2, 3])
t2 = torch.tensor([4, 5, 6])
t3 = torch.stack([t1, t2])
print(t3)
```

输出的结果如下。

```
tensor([[1, 2, 3],
        [4, 5, 6]])
```

torch.cat 函数可以把多个张量在指定维度拼接起来，stack 函数则可以把多个张量在指定维度堆叠起来，同样可以通过 dim 参数指定堆叠的维度。下面的代码分别从 3 个维度对变量进行堆叠。

```
t1 = torch.tensor([[1, 2, 3], [1, 2, 3]])
t2 = torch.tensor([[4, 5, 6], [4, 5, 6]])
t3 = torch.stack([t1, t2], dim=0)
t4 = torch.stack([t1, t2], dim=1)
t5 = torch.stack([t1, t2], dim=2)
print(t3, t3.shape)
print(t4, t4.shape)
print(t5, t5.shape)
```

输出 t3 的结果如下。

```
tensor([[[1, 2, 3],
         [1, 2, 3]],

        [[4, 5, 6],
         [4, 5, 6]]]) torch.Size([2, 2, 3])
```

输出 t4 的结果如下。

```
tensor([[[1, 2, 3],
    [4, 5, 6]],

    [[1, 2, 3],
    [4, 5, 6]]]) torch.Size([2, 2, 3])
```

输出 t5 的结果如下。

```
tensor([[[1, 4],
    [2, 5],
    [3, 6]],

    [[1, 4],
    [2, 5],
    [3, 6]]]) torch.Size([2, 3, 2])
```

2. 切分

可使用 torch.chunk 函数把一个张量切分成指定数量的张量。可通过 chunks 参数指定要切分的数量，dim 参数指定要切分的维度，代码示例如下。

```
t = torch.tensor([1, 2, 3, 4, 5])
print(torch.chunk(t, 1))
print(torch.chunk(t, 2))
print(torch.chunk(t, 3))
print(torch.chunk(t, 4))
print(torch.chunk(t, 5))
```

输出的结果如下。

```
(tensor([1, 2, 3, 4, 5]),)
(tensor([1, 2, 3]), tensor([4, 5]))
(tensor([1, 2]), tensor([3, 4]), tensor([5]))
(tensor([1, 2]), tensor([3, 4]), tensor([5]))
(tensor([1]), tensor([2]), tensor([3]), tensor([4]), tensor([5]))
```

从上面的结果可以看到，chunks 参数为 4 时得到的结果与 chunks 参数为 3 时得到的结果是一样的，都得到 3 个张量，当无法平均切分元素时最后一个张量分到的元素会少于其他张量的。另外可以使用 t.chunk 方法切分 t 张量，与使用 torch.chunk 函数的效果相同。

torch.split 函数用于在指定维度切分张量，第 1 个参数是要切分的张量，第 2 个参数是 split_size_or_sections，即切分后的每个张量的维度，第 3 个参数 dim 是要切分的维度，代码示例如下。

```
t = torch.tensor([[1, 2, 3], [4, 5, 6], [7, 8, 9]])
print(torch.split(t, 2, 0))
print(torch.split(t, 2, 1))
```

输出的结果如下。

```
(tensor([[1, 2, 3],
    [4, 5, 6]]), tensor([[7, 8, 9]]))
(tensor([[1, 2],
    [4, 5],
    [7, 8]]), tensor([[3],
    [6],
    [9]]))
```

3. 变形

使用 torch.reshape 函数可以改变张量的维度，代码示例如下。

```
t = torch.tensor([1, 2, 3, 4, 5, 6, 7, 8, 9])
print(torch.reshape(t, (3, 3)))
```

输出的结果如下。

```
tensor([[1, 2, 3],
    [4, 5, 6],
    [7, 8, 9]])
```

注意：这里给出的变形后的张量的维度必须与原张量一致，否则解释器报错，可以在维度参数中使用-1 让 torch 自动计算一个维度的大小，如将上面的代码改为 torch.reshape(t, (3, -1))，效果是一样的，但同时只能使用一个-1。

还可以使用 t.view 函数临时改变张量的维度，用法与 reshape 类似。

```
t = torch.tensor([1, 2, 3, 4, 5, 6, 7, 8, 9])
print(t.view((-1,3)))
```

输出的结果与 reshape 函数相同。

4. 交换维度

使用 torch.transpose 函数可以交换张量的两个维度，代码示例如下。

```
t = torch.tensor([[1, 2, 3], [4, 5, 6]])
t2 = torch.transpose(t, 0, 1)
print(t)
print(t2)
```

输出的结果如下。

```
tensor([[1, 2, 3],
    [4, 5, 6]])
tensor([[1, 4],
    [2, 5],
    [3, 6]])
```

5. squeeze 和 unsqueeze

unsqueeze 函数可在指定维度插入一个大小为 1 的维度，插入大小为 1 的维度后原张量中的数据不会有改变，只有维度发生改变；与之相反，squeeze 函数的作用是去掉一个大小为 1

的维度，代码示例如下。

```
t = torch.tensor([[1, 2, 3], [4, 5, 6]])
t2 = torch.unsqueeze(t, 0)
t3 = torch.unsqueeze(t, 1)
t4 = t2.squeeze()
print(t, t.shape)
print(t2, t2.shape)
print(t3, t3.shape)
print(t4, t4.shape)
```

输出的结果如下。

```
tensor([[1, 2, 3],
        [4, 5, 6]]) torch.Size([2, 3])
tensor([[[1, 2, 3],
         [4, 5, 6]]]) torch.Size([1, 2, 3])
tensor([[[1, 2, 3]],
        [[4, 5, 6]]]) torch.Size([2, 1, 3])
tensor([[1, 2, 3],
        [4, 5, 6]]) torch.Size([2, 3])
```

6. expand

扩展张量的维度，但是不用申请新的空间，而是重复使用原有的数据空间。

```
x = torch.tensor([
    [[0.5, 0.1, 0.3]],
    [[0.8, 0.2, 0.1]]
])
print(x.shape)
print(x)
y = x.expand(2, 8, 3)
print(y.shape)
print(y)
```

输出的结果如下。原来张量中的第二个维度的元素被复制，变成 8 个值相同的元素。

```
torch.Size([2, 1, 3])
tensor([[[0.5000, 0.1000, 0.3000]],

        [[0.8000, 0.2000, 0.1000]]])
torch.Size([2, 8, 3])
tensor([[[0.5000, 0.1000, 0.3000],
         [0.5000, 0.1000, 0.3000],
         [0.5000, 0.1000, 0.3000],
         [0.5000, 0.1000, 0.3000],
         [0.5000, 0.1000, 0.3000],
         [0.5000, 0.1000, 0.3000],
         [0.5000, 0.1000, 0.3000],
         [0.5000, 0.1000, 0.3000]],
```

```
    [[0.8000, 0.2000, 0.1000],
     [0.8000, 0.2000, 0.1000],
     [0.8000, 0.2000, 0.1000],
     [0.8000, 0.2000, 0.1000],
     [0.8000, 0.2000, 0.1000],
     [0.8000, 0.2000, 0.1000],
     [0.8000, 0.2000, 0.1000],
     [0.8000, 0.2000, 0.1000]]])
```

7. repeat

repeat 和 expand 类似，但无法复用存储空间，且 repeat 的参数意义是复制的倍数，代码示例如下。

```
x = torch.tensor([
    [[0.5, 0.1, 0.3]],
    [[0.8, 0.2, 0.1]]
])
print(x.shape)
print(x)
y = x.repeat(2, 2, 2)
print(y.shape)
print(y)
```

输出的结果如下。原向量的所有维度都被复制成原来的两倍。

```
torch.Size([2, 1, 3])
tensor([[[0.5000, 0.1000, 0.3000, 0.5000, 0.1000, 0.3000],
         [0.5000, 0.1000, 0.3000, 0.5000, 0.1000, 0.3000]],

        [[0.8000, 0.2000, 0.1000, 0.8000, 0.2000, 0.1000],
         [0.8000, 0.2000, 0.1000, 0.8000, 0.2000, 0.1000]],

        [[0.5000, 0.1000, 0.3000, 0.5000, 0.1000, 0.3000],
         [0.5000, 0.1000, 0.3000, 0.5000, 0.1000, 0.3000]],

        [[0.8000, 0.2000, 0.1000, 0.8000, 0.2000, 0.1000],
         [0.8000, 0.2000, 0.1000, 0.8000, 0.2000, 0.1000]]])
torch.Size([4, 2, 6])
tensor([[[0.5000, 0.1000, 0.3000, 0.5000, 0.1000, 0.3000],
         [0.5000, 0.1000, 0.3000, 0.5000, 0.1000, 0.3000]],

        [[0.8000, 0.2000, 0.1000, 0.8000, 0.2000, 0.1000],
         [0.8000, 0.2000, 0.1000, 0.8000, 0.2000, 0.1000]],

        [[0.5000, 0.1000, 0.3000, 0.5000, 0.1000, 0.3000],
         [0.5000, 0.1000, 0.3000, 0.5000, 0.1000, 0.3000]],

        [[0.8000, 0.2000, 0.1000, 0.8000, 0.2000, 0.1000],
         [0.8000, 0.2000, 0.1000, 0.8000, 0.2000, 0.1000]]])
```

4.1.3 张量的索引

可以使用索引运算符获取张量的任意元素，对于只有一个元素的张量，可以通过 item 函数获取这个元素的值。使用 item 函数的示例代码如下。

```
t = torch.tensor([[1, 2, 3], [4, 5, 6]])
print(t[1])
print(t[1][2])
print(t[1][2].item())
```

输出的结果如下。

```
tensor([4, 5, 6])
tensor(6)
6
```

张量的索引有比 Python 的列表对象更丰富的功能，比如可以使用[:, 1] 选中第二维度上下标为 1 的所有元素，代码示例如下。

```
t = torch.tensor([[1, 2, 3], [4, 5, 6], [7, 8, 9]])
print(t[:,1])
```

输出的结果如下。

```
tensor([2, 5, 8])
```

同样，可以通过索引改变张量对应元素的值，代码示例如下。

```
t = torch.tensor([[1, 2, 3], [4, 5, 6], [7, 8, 9]])
print(t)
t[:,1] = t[:,2]
print(t)
```

输出的结果如下。

```
tensor([[1, 2, 3],
        [4, 5, 6],
        [7, 8, 9]])
tensor([[1, 3, 3],
        [4, 6, 6],
        [7, 9, 9]])
```

4.1.4 张量的运算

torch 提供 add、sub、mul 和 div 函数实现张量的加、减、乘、除，也可以直接使用运算符，以下两种加法的代码是等效的。

```
t3 = torch.add(t1, t2)
t3 = t1 + t2
```

需要注意，PyTorch 中的广播允许维度不同的张量或者张量和 Python 中的数值一起运算，使用广播无须额外的代码。如果参与运算的值维度不一致，但可以应用广播的规则，代码就会自动使用广播，示例代码如下。

```
t1 = torch.tensor([1, 2, 3])
t2 = t1 + 1
t3 = torch.tensor([[1, 2, 3], [4, 5, 6], [7, 8, 9]])
t4 = t1 + t3
print(t2)
print(t4)
```

输出的结果如下。

```
tensor([2, 3, 4])
tensor([[ 2,  4,  6],
        [ 5,  7,  9],
        [ 8, 10, 12]])
```

上面代码中的张量 tensor([1, 2, 3])与 Python 的整数 1 相加，PyTorch 自动把 1 扩展为 tensor([1,1,1])，然后与 tensor([1, 2, 3])相加。同样，tensor([[1, 2, 3], [4, 5, 6], [7, 8, 9]])与 tensor([1, 2, 3])相加，tensor([1, 2, 3])会自动扩展成 tensor([[1, 2, 3], [1, 2, 3], [1, 2, 3]])，但是如果参与运算的值维度不一致又无法通过广播规则变换时会产生异常结果。

4.2　使用 torch.nn

torch.nn 是实现神经网络的重要模块，其中包括多种神经网络的实现，还有多种工具函数。

1. torch.nn.Module

torch.nn.Module 是 PyTorch 中所有神经网络的基类，用户使用 PyTorch 自己实现的神经网络也需要继承这个类，用法如下。

```
import torch.nn as nn
class MyModel(nn.Module):
    def __init__(self):
        super(Model, self).__init__()   # 调用基类的构造函数
        # 这里可以开始定义模型中用到的参数等内容
        # 这里需要有模型接受的参数，当调用模型时 PyTorch 会自动调用模型的 forward 函数
    def forward(self, …):
        # 这里实现模型正向传播
```

继承该类后，模型对象将获得一些方法，比较常用的方法介绍如下。

（1）CUDA 和 CPU：model.cuda 方法可以把模型移动到 GPU 上，CUDA 可以接收一个参数，即指定的 GPU 编号。这个方法的返回值就是移动到 GPU 上的模型自身，所以可以不用处理该返回值。model.cpu 方法刚好相反，是把模型从 GPU 移动到 CPU 上。

（2）parameters：获取模型参数，常用在优化器的初始化中。通过该方法获取模型的所有参数再传入优化器中，也可以用于统计模型的参数数量。

（3）train、eval 和 zero_grad：train 方法用于把模型设为训练模式，zero_grad 用于把所有

模型梯度设为 0，这两者通常在训练模型前调用。eval 则用于把模型设为评估模式，在使用模型预测结果之前调用。

2. torch.nn.RNN

RNN 用于处理序列数据，如自然语言中的句子可以作为字或词语的序列。此处主要介绍 torch.nn.RNN 的使用方法，第 7 章会进一步讨论 RNN 模型。构建 RNN 模型的主要参数如表 4.2 所示。

表 4.2　torch.nn.RNN 的主要参数

参数名称	参数说明
input_size	输入数据（序列中）每个元素的维度
hidden_size	隐藏层大小
num_layers	层数
nonlinearity	非线性函数种类，可选择 tanh 和 relu，默认为 relu
bias	是否有 bias 权重，默认为 True
batch_first	数据默认第二个维度是 batch，设为 True 则让 batch 作为第一维度
dropout	如果非零，除了最后一次都会添加一个 dropout 层
bidirectional	如果为 True，则变为双向 RNN，默认为 False

3. torch.nn.LSTM

长短期记忆（Long Short-Term Memory，LSTM）网络在处理序列数据时，与普通 RNN 相比可以更好地保存长期的"记忆"（跨越序列中较多元素）。PyTorch 提供 torch.nn.LSTM，其参数有 input_size、hidden_size、num_layers、bias、batch_first、dropout、bidirectional，与 RNN 的对应参数类似。

4. torch.nn.GRU

门控循环单元（Gated Recurrent Unit，GRU）也是一种用于处理序列数据的神经网络。PyTroch 提供 torch.nn.GRU，参数与 LSTM 的相同。

5. torch.nn.LSTM Cell

torch.nn.LSTMCell 是 LSTM 单元，RNN、LSTM、GRU 模型都是一次接受整个序列并返回全部结果，而 torch.nn.LSTMCell 是一个 LSTM 单元，它的参数如表 4.3 所示。

表 4.3　torch.nn.LSTMCell 的参数

参数	含义
input_size	输入向量维度
hidden_size	隐藏层维度
bias	是否有 bias 权重，默认为 True

类似地，还有 torch.nn.RNNCell、torch .nn.GRUCell。

6. torch.nn.Transformer

Transformer 模型由论文 *Attention is all you need* 提出，Transformer 使用注意力机制并有良好的并行能力。PyTorch 的 1.2 版本正式加入 torch.nn.Transformer。torch.nn.Transformer 的参数如表 4.4 所示。

表 4.4　torch.nn.Transformer 的参数

参数	含义
d_model	编码器/解码器中的特征维度，默认为 512
nhead	多头注意力中的 head 数，默认为 8
num_encoder_layers	编码器层数，默认为 6
num_decoder_layers	解码器层数，默认为 6
dim_feedforward	前馈网络模型的维度，默认为 2048
dropout	dropout 比例，默认为 0.1
custom_encoder	自定义编码器，默认为 None
custom_decoder	自定义解码器，默认为 None

第 11 章将继续讨论 Transformer 的内容。

7. torch.nn. Linear

PyTorch 中提供了线性层 torch.nn.Linear，对输入数据做线性变化，有 3 个参数：in_features（输入数据维度）、out_features（输出数据维度）、bias。如果 bias 为 False，模型没有 bias 参数。torch.nn.Linear 将把数据由 in_features 维转换为 out_features 维。公式如下。

$$y = x\boldsymbol{A}^{\mathrm{T}} + b$$

其中，b 表示 bias。

8. torch.nn.Bilinear

双线性层在 PyTorch 中对应 torch.nn.Bilinear。公式如下。

$$y = x_1^{\mathrm{T}} \boldsymbol{A} x_2 + b$$

表 4.5 展示了 torch.nn.Bilinear 的参数。

表 4.5 torch.nn.Bilinear 的参数

参数	含义
in1_features	第一个向量的维度
in2_features	第二个向量的维度
out_features	输出维度
bias	是否有 bias 权重，默认为 True

9. torch.nn.Dropout

torch.nn.Dropout 有两个参数 p 和 inplace，可按照概率 p 随机把输入数据中的一些元素置为 0，p 默认为 0.5。inplace 表示是否在原地操作，原地操作也就是对原来的变量操作，默认为 False。

10. torch.nn.Embedding

嵌入层在 PyTorch 中对应 torch.nn.Embedding，可以实现 ID 到向量的转化。构建 torch.nn.Embedding 常用的参数如表 4.6 所示。

表 4.6 torch.nn.Embeding 常用的参数

参数	含义
num_embeddings	ID 的数量，对于次嵌入来说就是词表大小，即一共有多少个词语
embedding_dim	嵌入维度，输出向量是多少维
padding_idx	填充词 ID（可选）
max_norm	每个带有 norm 层的向量都会被限制最大值为 max_norm（可选）

注意：Embedding 层的词表是有限的，但是模型使用过程中可能出现词表中没有的词，这时可以规定一个特殊的词，所有未知词都使用这个词表示，也可以将所有的未知词用随机向量表示。

4.3 激活函数

激活函数是一些非线性、可微分的函数。在神经网络中使用激活函数可为网络加入非线性特性。

4.3.1 Sigmoid 函数

Sigmoid 函数公式如下。

$$f(x) = \frac{1}{1 + e^{-x}}$$

PyTorch 中提供 4 种 Sigmoid 函数：torch.nn.Sigmoid、torch.nn.functional.sigmoid、torch.sigmoid 和 torch.Tensor.sigmoid。Sigmoid 函数的图像如图 4.1 所示。

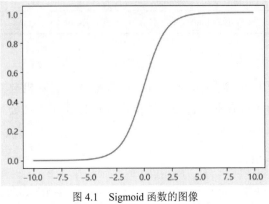

图 4.1　Sigmoid 函数的图像

4.3.2　Tanh 函数

Tanh 是双曲函数中的双曲正切函数，它的公式如下。

$$f(x) = \frac{e^x - e^{-x}}{e^x + e^{-x}}$$

PyTorch 中提供 4 种 Tanh 函数：torch.nn.functional.tanh、torch.nn.Tanh、torch.tanh 和 torch.Tensor.tanh。Tanh 函数的图像如图 4.2 所示。

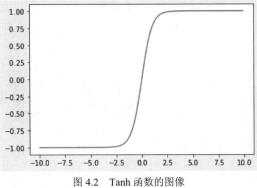

图 4.2　Tanh 函数的图像

4.3.3　ReLU 函数

ReLU 即 Rectified Linear Unit，它的函数公式如下。

$$f(x) = \max(0, x)$$

PyTorch 中提供 2 种 ReLU 函数：torch.nn.ReLu 和 torch.nn.functional.ReLU。ReLU 函数的图像如图 4.3 所示。

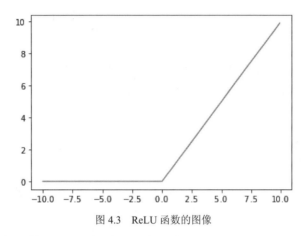

图 4.3 ReLU 函数的图像

4.3.4 Softmax 函数

Softmax 函数的公式如下。

$$\text{Softmax}(x_i) = \frac{\exp(x_i)}{\sum_j \exp(x_j)}$$

如果有 n 个元素，则首先求 $\exp(x_1)$ 到 $\exp(x_n)$ 的和，任意 $\exp(x_i)$ 除以这个和，得到的结果都在 0 到 1 之间，且 $\text{Softmax}(x_1)$ 到 $\text{Softmax}(x_n)$ 的和为 1。

PyTorch 中提供函数 torch.nn.functional.softmax 和 torch.nn.Softmax。

Softmax 函数有一个参数 dim，默认值为 None。如果 dim 设为 0，则输入的每一列元素作为一个整体分别求 Softmax，即结果中每一列元素的和为 1；如果 dim 为 1 则对每一行元素求 Softmax，结果中每一行元素的和为 1。

PyTorch 还提供 torch.nn.Softmax2d 用于求二维的 Softmax。

4.3.5 Softmin 函数

Softmin 函数的公式如下。

$$\text{Softmin}(x_i) = \frac{\exp(-x_i)}{\sum_j \exp(-x_j)}$$

PyTorch 中有 nn.Softmin。

4.3.6　LogSoftmax 函数[1]

LogSoftmax 函数就是在求 Softmax 后对每个元素求对数，公式如下。

$$\mathrm{LogSoftmax}(x_i) = \log\left(\frac{\exp(x_i)}{\sum_j \exp(x_j)}\right)$$

PyTorch 中提供了函数 torch.nn.functional.log_softmax 和 torch.nn.LogSoftmax。

与 Softmax 函数类似，LogSoftmax 函数也有 dim 参数，默认为 None。

4.4　损失函数

损失函数用于评估模型输出结果与真实值的差距。训练模型的过程中，输入数据经过模型得到输出，通过损失函数可求出输出与真实值的差距，并根据这个差距更新模型参数。

损失函数可以分为回归损失函数和分类损失函数。回归损失函数用于计算连续值的结果的损失，分类损失函数用于计算离散值或者分类问题的损失。

损失函数还可以分为经验风险（Empirical Risk）损失函数和结构风险（Structural Risk）损失函数。

我们定义预测值，即输出为 $\hat{y}$，真实值为 y，损失函数就是以 y 和 $\hat{y}$ 为输入的函数。

4.4.1　0-1 损失函数

0-1 损失函数指的是，输出与真实值一致就返回 0，输出与真实值不一致就返回 1。因为损失函数是反映输出值与真实值差异的函数，如果结果一致，损失最小。其公式如下。

$$L(y, \hat{y}) = \begin{cases} 0, y = \hat{y} \\ 1, y \neq \hat{y} \end{cases}$$

4.4.2　平方损失函数

平方损失函数返回输出与真实值的差值的平方，反映输出与真实值的差值的大小，平方保证输出的结果非负。输出与真实值相差越大，损失越大。

$$L(y, \hat{y}) = (y - \hat{y})^2$$

---

[1]　PyTorch 中 Softmax 和 LogSoftmax 的实现（C++代码）可见 GitHub 的 PyTorch 官方仓库。

可以定义这样一个简单的线性回归模型，$\hat{y}=w \cdot x+b$。这里 w 和 b 是参数，x 是输入变量，$\hat{y}$ 是输出，即预测值。对于每一个 x 都有一个真实值，记作 y。当我们训练模型的时候，w 和 b 首先具有一个初始值。训练数据是多对(x,y)的组合。

每次训练先根据 x 计算 $\hat{y}$，然后使用损失函数求损失，再根据损失更新参数，在这个例子中就是 w 和 b。

```
import torch
w = torch.randn((1)) #随机初始化 w
b = torch.zeros((1)) #使用 0 初始化 b
```

这段代码定义了 w 和 b 两个参数，都是一维的张量，w 使用随机值初始化，b 则设为 0。可以输出 w 和 b 的值：w=tensor([−0.5632])，b=tensor([0.])。然后可以随机生成一组训练数据。

```
x = torch.rand(10,1)*10   #维度为(10,1)
y = 2*x + (5 + torch.randn(10,1))
```

这段代码定义了一组训练数据，一共有 10 对 x 和 y。可以打印查看 x 和 y 的值。x 的值如下。

```
tensor([[6.6166],
        [4.1915],
        [9.6052],
        [1.5523],
        [0.2056],
        [8.2577],
        [1.6836],
        [7.9759],
        [7.5693],
        [2.3975]])
```

y 的值如下。

```
tensor([[18.0515],
        [12.5196],
        [23.0749],
        [ 8.7514],
        [ 6.5844],
        [21.3720],
        [ 7.1683],
        [20.3873],
        [20.7723],
        [10.4746]])
```

然后使用生成的训练数据计算 $\hat{y}$。

```
wx = torch.mul(w,x) # w*x
y_pred = torch.add(wx,b) # y = w*x + b
```

可以再打印 $\hat{y}$，即 y_pred 的值如下。

```
tensor([[-3.7262],
        [-2.3605],
```

```
        [-5.4093],
        [-0.8742],
        [-0.1158],
        [-4.6504],
        [-0.9481],
        [-4.4917],
        [-4.2627],
        [-1.3502]])
```

然后计算 y_pred 和 y 的损失，代码如下。

```
loss = (0.5*(y-y_pred)**2).mean()
```

y_pred 与 y 的损失为 tensor(188.6581)。这里有 10 组训练数据，所以有 10 个 x、10 个 y 和计算得到的 10 个 $\hat{y}$。(0.5*(y-y_pred)**2 得到的也是 10 个值，是这 10 个 $\hat{y}$ 和 y 的差的平方，但是最后使用 mean 方法，对这 10 个值取了平均数。

PyTorcch 中提供 nn.MSEloss 计算平方损失函数。

4.4.3　绝对值损失函数

绝对值损失函数返回输出与真实值差值的绝对值，通过绝对值保证结果非负，公式如下。

$$L(y,\hat{y}) = |y-\hat{y}|$$

PyTorch 提供 torch.nn.L1Loss 计算绝对值损失函数。

4.4.4　对数损失函数

对数损失函数也称对数似然损失函数（Log Likelihood Loss Function），它的公式如下。

$$L(y, P(y\,|\,x)) = -\log P(y\,|\,x)$$

对数损失函数用于分类问题，而不是回归问题，它的输入与前面几个损失函数不同。首先真实值是一个类别，模型输出则是一个概率。

实际的模型输入一般会给每个分类输出一个概率。例如，在某个情感分类模型中，有积极、中性、消极 3 个类别，分别用 0、1、2 表示。对于一个输入，真实值是 0（积极），模型输出可能是[0.7, 0.2, 0.1]，即积极的概率是 0.7，中性的概率是 0.2，消极的概率是 0.1，那么这个例子使用对数损失函数的结果应该是–log(0.7)。这就意味着模型输出的积极分类的概率越高，对数损失函数的值越大，对数损失函数的值越小，即损失越小，我们期望模型输出的正确分类的值越大。

PyTorch 中提供 torch.nn.NLLLoss 和 torch.nn.CrossEntropyLoss 两个损失函数。NLLLoss 即 Negative Log Likelihood Loss。但是 NLLLoss 函数要求模型的最后一层必须是 LogSoftmax 层，所以 NLLLoss 函数中并不包含对数的计算，NLLLoss 函数的公式如下。

$$\mathrm{NLLLoss}(y, \mathrm{output}) = -\mathrm{output}[y]$$

CrossEntropyLoss 函数则是 LogSoftmax 函数和 NLLLoss 函数的组合。

torch.nn.NLLLoss 函数的参数如表 4.7 所示。

表 4.7　torch.nn.NLLLoss 的参数

参数	默认值	含义
weight	None	每个分类的权重
size_average	None	目前已不推荐使用，使用 reduction 代替
ignore_index	−100	计算损失时自动忽略的标签值
reduce	None	目前已不推荐使用，使用 reduction 代替
reduction	'mean'	'mean'表示将返回多个样本的损失的平均值，另外还可选择'sum'和'none'

torch.nn.CrossEntropyLoss 函数的参数与 NLLLoss 函数的相同。

torch.nn.BCELoss 函数是用于二分类问题的交叉熵损失函数。torch.nn.BCEWithLogitsLoss 函数是 Sigmoid 函数和 torch.nn.BCELoss 函数的组合。

4.5　优化器

在训练模型的过程中，需要根据损失函数求数据输入模型的各个参数的导数，然后使用梯度下降算法。优化器为我们提供梯度下降算法，好的优化器可以显著缩短模型训练时间。

4.5.1　SGD 优化器

SGD 的全称为 Stochastic Gradient Descent，就是每次随机选取一个样本对模型参数进行更新，SGD 的问题有当梯度较小时收敛慢，并且可能会陷入局部最优。PyTorch 中提供 torch.optim.SGD 类。构建 torch.optim.SGD 类对象的参数如表 4.8 所示。

表 4.8　构建 torch.optim.SGD 类对象的参数

参数	含义
params	模型参数，可以使用第 4.2.1 小节中介绍的模型的 parameters 方法获取
lr	学习率，即 learning rate，默认为 0.01
momentum	Momentum 是一种用于提高训练速度的方法，默认值为 0
weight_decay	权重衰减，默认为 0
dampening	Momentum 的参数，默认为 0
nesterov	启用 Nesterov momentum，默认为 False

4.5.2　Adam 优化器

Adam 在 2014 年的论文 *Adam: A Method for Stochastic Optimization* 中被提出，该名字来自 Adaptive Moment Estimation 的缩写。PyTorch 中提供 torch.optim.Adam 类实现 Adam 算法。构建 torch.optim.Adam 类对象的参数如表 4.9 所示。

表 4.9　构建 torch.optim.Adam 类对象的参数

参数	含义
params	模型参数，可以使用第 4.2 节中介绍的 torch.nn.Module 的 parameters 方法获取
lr	学习率，即 learning rate，默认为 0.01
betas	类型是两个 float 变量构成的 tuple，即 Tuple[float, float]，默认为（0.9，0.999）。用于计算梯度运行平均值及其平方的系数
esp	浮点类型，默认为 1e-8。用于加在分母上提高数值稳定性
weight_decay	Momentum 的参数，默认为 0
amsgrad	是否使用 AMSGrad（来自论文 *On the Convergence of Adam and Beyond*），默认为 False

4.5.3　AdamW 优化器

AdamW 是对 Adam 的改进，来自 2017 年的论文 *Decoupled Weight Decay Regularization*。构建 AdamW 对象的参数与 Adam 的相同。

4.6　数据加载

只有能够高效加载训练数据，才能保证模型训练的效率。由于显存是有限的，很多时候数据不能一次性载入显存，因此需要在模型训练的同时进行数据加载，这会涉及一些数据预处理及转换的工作。PyTorch 提供 Dataset 类用于存放数据，DataLoader 类用于数据加载。

4.6.1　Dataset

torch.utils.data.Dataset 是 PyTorch 中用于表示数据集的基类。使用时需要定义自己的 Dataset 类并继承 torch.utils.data.Dataset。同时必须实现__getitem__方法和__len__方法，它们分别用于获取数据集中指定下标的数据和得到数据集的大小。可以使用实现加载数据的方法，或者在构造函数中实现数据加载。典型的使用代码如下。

```
class MyDataSet(torch.utils.data.Dataset):
    def __init__(self, examples):
```

```
        self.examples = examples
    def _ _len_ _ (self):
      return len(self.examples)  # 返回数据集长度


    def _ _getitem_ _ (self, index):
      example = self.examples[index]
      s1 = example[0]  # 当前数据中的第一个句子
      s2 = example[1]  # 当前数据中的第二个句子
      l1 = len(s1)  # 第一个句子的长度
      l2 = len(s2)  # 第二个句子的长度
      return s1, l1, s2, l2, index
```

这是一个机器翻译数据集的 Dataset 类的定义。example 是原数据集，是一个列表对象。通过_ _getitem_ _方法每次根据 index 获取一个数据。

4.6.2　DataLoader

torch.utils.data.DataLoader 类用于帮助加载数据，一般用于把原始数据转换为张量。其主要参数如表 4.10 所示。

表 4.10　构建 torch. utils.data.DataLoader 类的主要参数

参数	含义
dataset	加载数据后的 Dataset 对象
batch_size	Batch 大小，整数，即每个批次包含多少个数据样本，默认为 1
shuffle	Bool 类型，如果为 True 则每轮训练都将打乱数据顺序，默认为 False
num_workers	用于数据加载的子进程数量，如果为 0 则使用主进程加载数据，默认为 0
collate_fn	用于把同一个 Batch 的多个数据样本合并，并转换为张量
pin_memory	使用此参数可以提高数据从内存复制到显存的速度，默认为 False

注意：Python 中的多线程无法用于处理计算密集型任务，所以 DataLoader 会使用多进程处理和加载数据。

DataLoader 的 collate_fn 典型的定义代码如下。

```
def the_collate_fn(batch):
  src = [[0]*batch_size]
  tar = [[0]*batch_size]
    # 计算整个 Batch 中第一个句子（源句）的最大长度
    src_max_l = 0
  for b in batch:
    src_max_l = max(src_max_l, b[1])
    # 计算整个 Batch 中第二个句子（目标句）的最大长度
    tar_max_l = 0
  for b in batch:
    tar_max_l = max(tar_max_l, b[3])
```

```
for i in range(src_max_l):
    l = []
    for x in batch:
        if i < x[1]:
            l.append(en2id[x[0][i]])
        else:
            # 当前句子已经结束，则填入填充字符
            l.append(pad_id)
    src.append(l)
for i in range(tar_max_l):
    l = []
    for x in batch:
        if i < x[3]:
            l.append(zh2id[x[2][i]])
        else:
            # 当前句子已经结束，则填入填充字符
            l.append(pad_id)
    tar.append(l)
indexs = [b[4] for b in batch]
src.append([1] * batch_size)
tar.append([1] * batch_size)
s1 = torch.LongTensor(src)
s2 = torch.LongTensor(tar)
return s1, s2, indexs
```

上面代码中的 collate_fn 与第 4.6.1 小节 MyDataSet 对应，作用是把 Dataset 中的多条数据组合成一个 batch，并转化为张量，填充之类的工作也在这里完成。

定义 Dataset 和 DataLoader 的代码如下。

```
train_dataset = MyDataSet(train_set)
train_data_loader = torch.utils.data.DataLoader(
    train_dataset,
    batch_size=batch_size,
    shuffle = True,          # 是否打乱顺序
    num_workers=data_workers,  # 工作进程数
    collate_fn=the_collate_fn,
)

dev_dataset = MyDataSet(dev_set)
dev_data_loader = torch.utils.data.DataLoader(
    dev_dataset,
    batch_size=batch_size,
    shuffle = True,
    num_workers=data_workers,
    collate_fn=the_collate_fn,
)
```

4.7 使用 PyTorch 实现逻辑回归

本节将使用简单的代码实现基本的逻辑回归模型,并展示训练过程中的模型参数的变换。在本节中可以看到模型训练和预测的原理。

4.7.1 生成随机数据

简便起见,我们生成两个类别的数据,每个样例由两个特征和一个标签构成。为了方便观察,可以把这些数据看成二维平面上的点,两个特征就是这个点的横坐标和纵坐标。

我们将以点(-2, -2)和(2,2)分别作为类别一和类别二的中心生成两个类别的数据,每个类别各 100 个样本。

生成上述随机数据的代码如下。

```
import torch


n_data = torch.ones(100, 2)
xy0 = torch.normal(2 * n_data, 1.5)   # 生成均值为 2、标准差为 1.5 的随机数组成的矩阵
c0 = torch.zeros(100)
xy1 = torch.normal(-2 * n_data, 1.5)   # 生成均值为-2、标准差为 1.5 的随机数组成的矩阵
c1 = torch.ones(100)


x,y = torch.cat((xy0,xy1),0).type(torch.FloatTensor).split(1, dim=1)
x = x.squeeze()
y = y.squeeze()
c = torch.cat((c0,c1),0).type(torch.FloatTensor)
```

4.7.2 数据可视化

可以使用 Matplotlib 库绘制数据分布图。使用符号"×"(代码中使用小写字母 x 表示)表示类别一的数据,使用符号"•"(代码中使用小写字母 o 表示)表示类别二的数据。代码如下。

```
import matplotlib.markers as mmarkers
import matplotlib.pyplot as plt
def plot(x, y, c):
  ax = plt.gca()
  sc = ax.scatter(x, y, color='black')
  paths = []
  for i in range(len(x)):
```

```
        if c[i].item() == 0:
            marker_obj = mmarkers.MarkerStyle('o')  # 圆点标记
        else:
            marker_obj = mmarkers.MarkerStyle('x')  # 叉形标记
        path = marker_obj.get_path().transformed(marker_obj.get_transform())
        paths.append(path)
    sc.set_paths(paths)
```

调用 plot 函数。

```
plot(x, y, c)
plt.show()
```

显示的图像如图 4.4 所示。

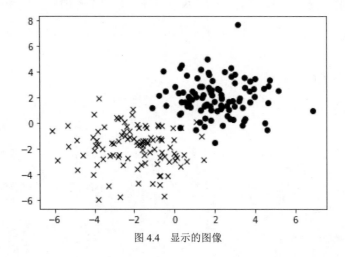

图 4.4　显示的图像

可以观察到两类数据点分布规律比较明显，可以在图上找出一条直线，尽量保证同一类别的点在直线的同侧，而另一类别的点都在直线的另一侧，可以用点和直线的关系来判断点属于哪个类别。

4.7.3　定义模型

可以定义直线的公式为 $y=wx+b$。输入一个点的坐标 (x_1, y_1)，如果 $y_1 - wx_1 - b$ 大于 0 则该点在这条直线的上方，若小于 0 则点在直线下方。

首先可以定义参数 w 和 b。

```
w = torch.tensor([1.,],requires_grad=True)  # 随机初始化 w
b = torch.zeros((1),requires_grad=True)     # 使用 0 初始化 b
```

对于损失的计算可使用 Sigmoid 函数，代码如下。

```
loss = ((torch.sigmoid(x*w+b-y) - c)**2).mean()
```

4.7.4 训练模型

最大迭代次数设为 1000 次，迭代过程中如果损失小于 0.01 则停止迭代。每次迭代计算损失并通过反向传播更新参数 w 和 b。每迭代 3 次，绘图并输出参数。

```python
xx = torch.arange(-4, 5)
lr = 0.02  # 学习率
for iteration in range(1000):
    # 前向传播
    loss = ((torch.sigmoid(x*w+b-y) - c)**2).mean()
    # 反向传播
    loss.backward()
    # 更新参数
    b.data.sub_(lr*b.grad) # b = b - lr*b.grad
    w.data.sub_(lr*w.grad) # w = w - lr*w.grad
    # 绘图
    if iteration % 3 == 0:
        plot(x, y, c)
        yy = w*xx + b
        plt.plot(xx.data.numpy(),yy.data.numpy(),'r-',lw=5)
        plt.text(-4,2,'Loss=%.4f'%loss.data.numpy(),fontdict={'size':20,'color':'black'})
        plt.xlim(-4,4)
        plt.ylim(-4,4)
        plt.title("Iteration:{}\nw:{},b:{}".format(iteration,w.data.numpy(),b.data.numpy()))
        plt.show(0.5)
        if loss.data.numpy() < 0.03:  # 停止条件
            break
```

模型训练过程中参数的变化如图 4.5 到图 4.8 所示。

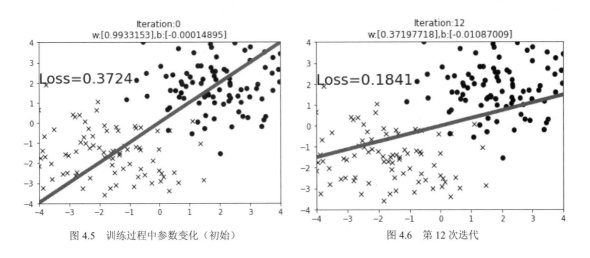

图 4.5　训练过程中参数变化（初始）　　　　图 4.6　第 12 次迭代

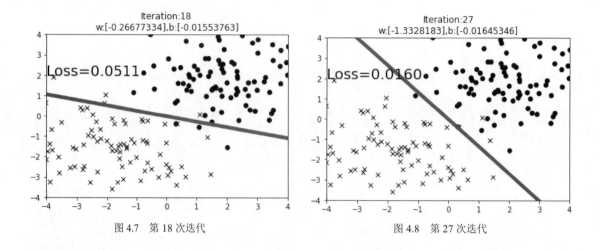

图 4.7　第 18 次迭代　　　　　　　　　图 4.8　第 27 次迭代

4.8　TorchText

TorchText 可以帮助我们更方便地使用 PyTorch 处理文本数据，主要包含常用的数据处理方法和数据集。

4.8.1　安装 TorchText

使用 pip 安装 TorchText 的命令是 pip install torchtext。要注意安装和 PyTorch 对应的 TorchText 版本，如表 4.11 所示。

表 4.11　PyTorch 与 TorchText 以及 Python 的版本对应情况

PyTorch 版本	对应的 TorchText 版本	支持的 Python 版本
1.7	0.8	3.6+
1.6	0.7	3.6+
1.5	0.6	3.5+
1.4	0.5	2.7，3.5+
0.4 及以下	0.2.3	2.7，3.5+

4.8.2　Data 类

torchtext.Data 提供以下功能。

（1）定义数据处理流程。

（2）把数据组织成 Batch、数据填充、构建词表和把词语转换为 ID 等。

（3）分割训练集和测试集。

（4）加载自定义的自然语言处理数据集。

Dataset 通常表示大量数据。Batch 是一小部分数据，通常是训练过程中第一次执行时用到的数据。Example 是单个数据，而 Field 指数据中的某个字段。

1. Dataset 类

Dataset 对象用于定义数据集，定义在 torchtext/data/dataset.py 文件。创建 Dataset 对象所需的参数如表 4.12 所示。

表 4.12　创建 Dataset 对象所需的参数

参数	含义
examples	包含数据的列表
fields	list(tuple(str, Field)) 类型。str 是字段名称，Field 是字段
filter_pred	默认为 None，可指定一个函数，通过该函数过滤筛选数据集

filter_examples 方法用于删除不用的字段。

split 方法用于切分数据集，其参数如表 4.13 所示。

返回值是 Dataset 组成的 tuple。

表 4.13　split 方法的参数

参数	含义
split_ratio	切分数据集的比例，使用 0~1 的浮点数或浮点数的列表表示每个部分的比例，默认为 0.7，即训练集：测试集为 7:3
stratified	是否分层抽样，bool 类型，默认为 False
strata_field	分层抽样的字段名称，默认为 label
random_state	用于获取打乱顺序的随机数种子，默认为 None，需要使用 random.getstate 获取随机数种子（random 是 Python 内置模块）

Dataset 类有 class method，即无须创建对象就可以调用的方法。download 方法用于下载在线数据集到指定位置并解压，可以方便地获取和使用在线数据集。该方法会自动下载 Dataset 类的 urls 属性指向的地址，并根据文件类型解压缩。

2. TabularDataset 类

用于自动载入 CSV、TSV 或者 JSON 格式的数据集。构建 TabularDataset 对象所需的参数如表 4.14 所示。

表 4.14   创建 TabularDataset 对象所需的参数

参数	含义
path	数据文件路径
format	"CSV" "TSV" "JSON"（不区分大小写）
fields	list(tuple(str, Field))类型，str 代表字段名称，Field 是字段
skip_header	是否去掉第一行（表头），默认为 False
csv_reader_params	给 csv.reader 的参数，仅在 format 参数设为 "CSV" 或 "TSV" 时有效

3. Batch 类

用于表示一个 Batch 的训练数据。有类方法 fromvars 可以通过变量构造 Batch 对象。通过构造函数构造 Batch 对象的参数是 data、dataset 和 device，默认都为 None。

4. Example 类

用于定义单个训练数据或测试数据，可以直接通过字段名属性访问这个数据的各个字段。有 5 种类方法：fromCSV(data, fields, field_to_index=None)、fromJSON(data, fields)、fromdict(data, fields)、fromlist(data, fields)、fromtree(data, fields, subtrees=False)。

5. RawField 类

代表一个通用的字段，每个 Dataset 都包含多个 Field 字段，就像一个表中的多个列。

6. Field 类

代表一个类型确定的字段，并包含对根据数据生成张量的方法的定义。

4.8.3   Datasets 类

接下来讲解 Datasets 类中一些提前定义好的数据集，它们可以方便地自动下载和使用。所有的 Datasets 类都继承于第 4.8.2 小节提到的 Dataset 对象。

1. 情感分析

SST 指 Stanford Sentiment Treebank 数据集。数据集类名是 torchtext.datasets.SST。

查看源码可以看到 TorchText 是如何完成自动下载工作的。首先定义数据文件的下载地址目录名称和数据集的名称。

```
class SST(data.Dataset):
    urls = ['http://nlp.stanford.edu/sentiment/trainDevTestTrees_PTB.zip']
    dirname = 'trees'
    name = 'sst'
```

IMDB 数据集包含 5 万条有明显情感倾向的电影评论数据。数据集类名是 torchtext.datasets. IMDB。

下载地址是 http://ai.stanford.edu/~amaas/data/sentiment/aclImdb_v1.tar.gz。

2. 推理

SNLI 全称为 The Stanford Natural Language Inference，即斯坦福自然语言推理数据集，该数据集类名是 torchtext.datasets.SNLI。

下载地址是 http://nlp.stanford.edu/projects/snli/snli_1.0.zip。

torchtext.datasets.MultiNLI 对应的数据集下载地址是 http://www.nyu.edu/projects/bowman/multinli/multinli_1.0.zip。

torchtext.datasets.XNLI 对应的数据集下载地址是 http://www.nyu.edu/projects/bowman/xnli/XNLI-1.0.zip。

3. 语言模型

语言模型数据集是 torchtext.datasets.LanguageModelingDataset 类的子类，而 LanguageModeling Dataset 是 torchtext.Data.Dataset 的子类。

语言模型数据集有：WikiText2、WikiText103 和 PennTreebank。

4. 机器翻译

机器翻译数据集都是 torchtext.datasets.TranslationDataset 的子类。

还有 IWSLT 和 WMT14 两个数据集，Dataset 类自动下载。

5. 序列标注

UDPOS 和 CoNLL2000Chunking 数据集，Dataset 类自动下载。

6. 问答

BABI20 数据集，Dataset 类自动下载。

4.8.4　Vocab

Vocab 类提供了与词汇相关的工具。自然语言常由词汇构成，自然语言处理中，常涉及词汇的处理。该类提供了把词汇转换成向量的工具。

1. Vocab

Vocab 定义一个用于把词语转换成数字的词表。定义 Vocab 对象所需的参数如表 4.15 所示。

表 4.15 创建 Vocab 对象所需的参数

参数	含义
counter	collections.Counter 对象，用于储存词语出现的频次
max_size	词语最大数量，默认为 None，即无限制
min_freq	最小词频，如果一个词出现的频次低于这个值，它将被忽略，默认为 1；如果设为小于 1 的数也会被自动修改为 1
specials	特殊词列表，默认为['<unk'>, '<pad>']
vectors	预训练权重，默认为 None
unk_init	未知词的默认值函数，是函数类型，默认为 torch.zeros，该函数需要以一个向量为参数，并返回一个等长的向量
vectors_cache	vector 缓存目录，默认为'.vector_cache'
specials_first	把特殊词汇放在词表开头，默认为 True

Vocab 对象的属性如表 4.16 所示。

表 4.16 Vocab 对象的属性

属性	含义
freqs	词语出现的频次
stoi	collections.defaultdict 类型，保存词语转换为 int(ID)的映射
itos	字符串列表，用于把 ID 转换为词语

2. Vectors

创建 Vectors 对象所需的参数如表 4.17 所示。

表 4.17 创建 Vectors 对象所需的参数

参数	含义
name	向量文件名
cache	向量缓存目录，默认为 None
url	如果缓存目录中不存在该文件，url 为需要下载的地址
unk_init	未知词的默认函数，定义函数类型，默认为 torch.zeros，该函数需要以一个向量为参数，并返回一个等长的向量
max_vectors	用于限制载入的词向量数量，默认为 None，即无限制

3. 预训练词向量

TorchText 提供了 3 种预训练词向量对象：GloVe、FastText 和 CharNGram。

4.8.5 utils

包含 download_from_url 函数，用于根据统一资源定位符（Uniform Resource Locator，URL）下载文件；可以校验已存在文件是否正确，并可以下载 Google Drive 的内容。下载中调用 requests 库。

4.9 使用 TensorBoard

TensorBoard 是 TensorFlow 推出的可视化工具,用于在模型训练过程中查看模型训练情况。目前 PyTorch 已经支持使用 TensorBoard。

4.9.1 安装和启动 TensorBoard

直接使用 pip 命令安装。

```
pip install tensorboard
```
启动 TensorBoard 的命令如下。

```
tensorboard --logdir=runs
```
执行该命令后的输出如下。

```
TensorFlow installation not found - running with reduced feature set.
Serving TensorBoard on localhost; to expose to the network, use a proxy or pass --bind_all
TensorBoard 2.4.0 at http://localhost:6006/ (Press CTRL+C to quit)
```
我们只安装了 TensorBoard 而未安装 TensorFlow,所以输出的第一句提示没有找到 TensorFlow,虽然可以运行 Tensor Board,但功能受限。

默认监听 localhost,表示只有本机可以访问,端口号是 6006。在浏览器中打开网址: http://localhost: 6006/,可以看到 TensorBoard 的界面。在命令行窗口按 Ctrl+C 组合键可以关闭 TensorBoard。

4.9.2 在 PyTorch 中使用 TensorBoard

导入 TensorBoard 的 SummaryWriter。

```
from torch.utils.tensorboard import SummaryWriter
```
创建 writer 对象。

```
writer = SummaryWriter()
```
可以通过 writer 对象的 add_image、add_graph 等方法向 TensorBoard 添加内容。详细的使用方法可以参考 PyTorch 官方网站上的介绍。

4.10 小结

本章介绍了 PyTorch 的基本使用方法,依次介绍了张量、神经网络、激活函数、损失函数、优化器和数据加载,并使用基本的 Torch 方法实现了逻辑回归算法。最后介绍了如 TorchText、TensorBoard 等工具。在后面的章节中我们会在具体的例子中展示 PyTorch 的更多用法。

第5章 热身：使用字符级 RNN 分类帖子

本章将使用 PyTorch 实现一个简单的神经网络，并用真实的数据进行训练和测试，在模型基础上构建一个简单的应用程序，该应用程序可以对用户输入的文字进行分类。

本章主要涉及的知识点如下。

- ❑ 数据的输入与输出。
- ❑ 字符级 RNN 基本结构。
- ❑ 数据的预处理。
- ❑ 模型的训练、评估、保存和加载。

5.1 数据与目标

本节将介绍要使用的数据以及希望实现的目标，将使用简单的模型在真实数据集上实现文本分类。

5.1.1 数据

本章使用的数据来自某高校的论坛。访问该论坛的多数板块都无须登录，所以这些数据是对所有人公开的。我们使用爬虫爬取了这个论坛的"考硕考博"以及"招聘信息"两个板块的标题。

爬虫使用 requests 库发送 HTTPS 请求，爬取上述两个板块各 80 页数据，包含 3000 个帖子，再使用 BeautifulSoup 解析 HTML 内容，得到帖子标题。

```
import requests
import time
from tqdm import tqdm
fid = 735      # 目标板块的 ID
titles735 = []  # 存放爬取的数据
for pid in tqdm(range(1, 80)):
```

```
    r = requests.get('https://www.XXX.com/forumdisplay.php?fid=%d&page=%d' % (fid, pid))
    with open('raw_data/%d-%d.html' % (fid, pid), 'wb') as f:  # 原始 HTML 写入文件
        f.write(r.content)
    b = BeautifulSoup(r.text)
    table = b.find('table', id='forum_%d' % fid)  # 寻找返回的 HTML 中的 table 标签
    trs = table.find_all('tr')
    for tr in trs[1:]:
        title = tr.find_all('a')[1].text  # 获取 a 标签中的文字
        titles735.append(title)
    time.sleep(1)  # 阻塞一秒,防止过快的请求给网站服务器造成压力
with open('%d.txt' % fid, 'w', encoding='utf8') as f:  # 把数据写入文件
    for l in titles735:
        f.write(l + '\n')
fid = 644
titles644 = []
for pid in tqdm(range(1, 80)):
    r = requests.get('https://www.XXX.com/forumdisplay.php?fid=%d&page=%d' % (fid, pid))
    with open('raw_data/%d-%d.html' % (fid, pid), 'wb') as f:  # 原始 HTML 写入文件
        f.write(r.content)
    b = BeautifulSoup(r.text)
    table = b.find('table', id='forum_%d' % fid)
    trs = table.find_all('tr')
    for tr in trs[1:]:
        title = tr.find_all('a')[1].text
        titles644.append(title)
    time.sleep(1)
with open('%d.txt' % fid, 'w', encoding='utf8') as f:
    for l in titles644:
        f.write(l + '\n')
```

读取已经爬取好的文件,并解析 HTML 内容的代码如下。

```
import time
from tqdm import tqdm
fid = 735
titles735 = []
for pid in tqdm(range(1, 80)):
    with open(' raw_data /%d-%d.html' % (fid, pid), 'r', encoding='utf8') as f: # 需选
择正确编码
        b = BeautifulSoup(f.read())
    table = b.find('table', id='forum_%d' % fid)
    trs = table.find_all('tr')
    for tr in trs[1:]:
        title = tr.find_all('a')[1].text
        titles735.append(title)
with open('%d.txt' % fid, 'w', encoding='utf8') as f:
    for l in titles735:
        f.write(l + '\n')


fid = 644
```

```
titles644 = []
for pid in tqdm(range(1, 80)):
    with open('raw_data/%d-%d.html' % (fid, pid), 'r', encoding='utf8') as f:
        b = BeautifulSoup(f.read())
    b = BeautifulSoup(r.text)
    table = b.find('table', id='forum_%d' % fid)
    trs = table.find_all('tr')
    for tr in trs[1:]:
        title = tr.find_all('a')[1].text
        titles644.append(title)
with open('%d.txt' % fid, 'w', encoding='utf8') as f:
    for l in titles644:
        f.write(l + '\n')
```

其中，"考硕考博"板块的帖子标题包括"2013 年教育学考研真题 311 的""800 元转让暑假政英强化班""请问信息科学与技术学院的硕士有多难考？"等。而"招聘信息"板块的帖子标题包括"急招，6 月 23 日，跟招生老师去高招会，报销公共交通费""【诚招/待遇更新】课程设计师招募""在线少儿编程初创公司招运营实习生"等。

数据分别存放在两个文件中，存放"考硕考博"板块的帖子标题的文件是 academy_titles.txt，存放"招聘信息"板块的帖子标题的文件是：job_titles.txt。文件中每行是一个帖子标题。可以使用以下代码从文件中读取数据。

```
# 定义两个列表分别存放两个板块的帖子数据
academy_titles = []
job_titles = []
with open('academy_titles.txt', encoding='utf8') as f:
    for l in f:  # 按行读取文件
        academy_titles.append(l.strip())  # strip 方法用于去掉行尾空格
with open('job_titles.txt', encoding='utf8') as f:
    for l in f:  # 按行读取文件
        job_titles.append(l.strip())  # strip 方法用于去掉行尾空格
```

5.1.2　目标

通过模型鉴定一个帖子可能来自"考硕考博"板块还是"招聘信息"板块。如果这个模型可以得到良好的效果，那么可以使用这个模型做信息分类，或者可以将其用在论坛发帖功能中，如用户输入想发布的消息标题，该模型帮助用户找到适合发表这个帖子的板块。

我们将使用字符级 RNN 实现一个简单的二分类模型。使用字符级 RNN 意味着我们无须分词，可以依次向模型输入每个字。

5.2　输入与输出

使用字符级 RNN 模型，需要考虑如何把原始数据转换为模型可以接受的数据格式，这里简单地介绍使用 One-Hot 表示法，也可以使用词嵌入。

5.2.1 统计数据集中出现的字符数量

不论是使用 One-Hot 表示法还是词嵌入，都需要先知道数据集中一共出现了多少个不同的字符。假设出现了 N 个不同字符，然后添加一个对应未知字符的特殊字符 UNK，那么使用 One-Hot 表示法，其中的每个字符对应向量的长度为 $N+1$。用于统计数据集中出现字符数量的代码如下。

```
char_set = set()  # 创建集合，集合可自动去除重复元素
for title in academy_titles:  # 遍历"考研考博"板块的所有标题
    for ch in title:  # 遍历标题中每个字符
        char_set.add(ch)  # 把字符加入到集合中
for title in job_titles:
    for ch in title:
        char_set.add(ch)
print(len(char_set))
```

最后输出的字符数量是 1507 个。

5.2.2 使用 One-Hot 编码表示标题数据

这里仅介绍使用 One-Hot 表示法，但是后续步骤实际使用词嵌入，因为数据中的字符数量太多，使用 One-Hot 表示法效率很低。把一个标题字符串转换为张量的代码如下。

```
import torch
char_list = list(char_set)
n_chars = len(char_list) + 1 # 加一个 UNK

def title_to_tensor(title):
    tensor = torch.zeros(len(title), 1, n_chars)
    for li, ch in enumerate(title):
        try:
            ind = char_list.index(ch)
        except ValueError:
            ind = n_chars - 1
        tensor[li][0][ind] = 1
    return tensor
```

注意：这里把前面代码中的 char_set 转换为列表，因为集合数据结构插入快，且元素无重复，适合用于统计个数，但集合无法根据下标访问字符，所以要转换为列表方便按下标访问字符和得到每个字符唯一的下标作为 ID 的形式。

5.2.3 使用词嵌入表示标题数据

实现词嵌入可以使用第 4 章介绍的 torch.nn.Embedding。只需要把标题字符串转换成每个

字符对应的 ID 组成的张量即可。

```python
import torch
char_list = list(char_set)
n_chars = len(char_list) + 1 # 加一个 UNK

def title_to_tensor(title):
  tensor = torch.zeros(len(title), dtype=torch. long)
  for li, ch in enumerate(title):
    try:
        ind = char_list.index(ch)
    except ValueError:
        ind = n_chars - 1
    tensor[li] = ind
  return tensor
```

然后定义 Embedding，代码如下。

```python
embedding = torch.nn.Embedding(n_chars, 100)
```

第一个参数是词语（字符）数量，第二个参数是 Embedding 向量的维度，就是经过 Embedding 后输出的词向量的维度，这里设为 100。如果使用 One-Hot 表示法，词向量的维度将是 1507 维，而这里可以由我们自己决定，通常选择一个比词语数量小得多的值。代码如下。

```python
print(job_titles[1])
print(title_to_tensor(job_titles[1]))
```

代码的输出如下。

```
招聘兼职/ 笔试考务 /200-300 元每人
tensor([  16, 1293,  962,  580,  245,  135, 1423,  545,  252,  700,  135,  245,
        1340, 1569, 1569, 1442,  831, 1569, 1569,  135, 1478, 1077],
    dtype=torch.int32)
```

注意：实际使用时 Embedding 应该定义在模型类中，以便在训练过程中更新其参数，这里的代码仅为了展示其输出。

5.2.4　输出

我们的目标是判断一个标题字符串属于"考研考博"板块还是"招聘信息"板块。输出应该代表两个类别之一，可以使用整数 0 代表"考研考博"板块，整数 1 代表"招聘信息"板块。模型输出一个 0 到 1 的浮点数，可以设定一个阈值，如 0.5。如果输出大于 0.5 则认为是分类 1，小于 0.5 则认为是分类 0。

或者可以让模型输出两个值，第一个值代表"考研考博"板块，第二个值代表"招聘信息"板块。在这种情况下可以比较两个值的大小，标题字符串属于较大的值对应的分类。这时可以使用张量的 topk 方法获取一个张量中最大的元素的值以及它的下标。代码示例如下。

```python
t = torch.tensor([0.3, 0.7])
topn, topi = t.topk(1)
print(topn, topi)
```

代码的输出如下。

```
tensor([0.7000]) tensor([1])
```

第一个值是较大的元素的值 0.7000，第二个值 1 代表该元素的下标，也刚好是我们的分类 1。

5.3 字符级 RNN

本节介绍最简单的字符级 RNN 的定义和使用方法，并说明其工作流程和输入输出情况。

5.3.1 定义模型

在模型中定义词嵌入、输入到隐藏层的 Linear 层、输出的 Linear 层以及 Softmax 层。

```
class RNN(nn.Module):
  def __init__(self, word_count, embedding_size, hidden_size, output_size):
    super(RNN, self).__init__()  # 调用父类的构造函数，初始化模型
    self.hidden_size = hidden_size  # 保存隐藏层的大小
    self.embedding = torch.nn.Embedding(word_count, embedding_size)  # 词嵌入
    self.i2h = nn.Linear(embedding_size + hidden_size, hidden_size)  # 输入到隐藏层
    self.i2o = nn.Linear(embedding_size + hidden_size, output_size)  # 输入到输出
    self.softmax = nn.LogSoftmax(dim=1)  # Softmax 层

  def forward(self, input_tensor, hidden):  # 前面已经介绍过，调用模型是会自动执行该方法
    word_vector = self.embedding(input_tensor)  # 把字 ID 转换为向量
    combined = torch.cat((word_vector, hidden), 1)  # 拼接字向量和隐藏层输出
    hidden = self.i2h(combined)  # 得到隐藏层输出
    output = self.i2o(combined)  # 得到输出
    output = self.softmax(output)  # 得到 Softmax 输出
    return output, hidden

  def initHidden(self):
    return torch.zeros(1, self.hidden_size)  # 初始使用全 0 的隐藏层输出
```

构造模型需要的参数有：

❑ word_count：词表大小。
❑ embedding_size：词嵌入维度。
❑ hidden_size：隐藏层维度。
❑ output_size：输出维度。

5.3.2 运行模型

测试模型，看模型输入输出的形式。首先定义模型，设置 embedding_size 为 200，即每个

词语用 200 维向量表示；隐藏层为 128 维。模型的输出结果是对两个类别的判断，一个类别代表"考研该考博"，另一个代表"招聘信息"，代码如下。

```
embedding_size = 200
n_hidden = 128
n_categories = 2
rnn = RNN(n_chars, embedding_size, n_hidden, n_categories)
```

然后尝试把一个标题转换成向量，再把该向量输入到模型里，并查看模型输出。

```
input_tensor = title_to_tensor(academy_titles[0])
print('input_tensor:\n', input_tensor)
hidden = rnn.initHidden()
output, hidden = rnn(input_tensor[0].unsqueeze(dim=0), hidden)
print('output:\n', output)
print('hidden:\n', hidden)
print('size of hidden:\n', hidden.size())
```

代码的输出如下。

```
input_tensor:
 tensor([ 603, 1261,  348,  456,  264, 1441,  519,  725,  393,  164,   99,  329,
        1441,  407,  706,   68, 1050, 1093, 1036, 1009, 1337])
output:
 tensor([[-0.8858, -0.5317]], grad_fn=<LogSoftmaxBackward>)
hidden:
 tensor([[ 5.2449e-01, -3.9349e-01, -7.3347e-01, -8.7151e-01, -2.3355e-02,
          2.1722e-01,  4.2904e-01, -6.1375e-01,  7.1260e-02, -5.2419e-01,
                       ......
         -4.4484e-01,  2.2427e-01,  2.1569e-01, -2.4453e-01, -1.9768e-01,
          6.0909e-01,  3.7423e-01,  9.7817e-02,  2.1102e-01, -9.7066e-01,
         -1.0586e-01,  1.8856e-01, -2.1299e-02]], grad_fn=<AddmmBackward>)
size of hidden:
 torch.Size([1, 128])
```

因为是字符级 RNN，每次仅输入一个字符，同时使用 unsqueeze 函数 把该字符 ID 变成维度为 1 的张量。

模型会返回两个值，第一个值是模型输出，第二个值是隐藏层输出。隐藏层输出会随着下一个字符作为隐藏层输入而输入到模型中。

假如标题有 10 个字，第一个字的 ID 需要和 rnn.initHidden 返回的全零向量一起输入模型，这时全零向量作为初始的隐藏层输入。第一次执行得到一个模型输出和一个隐藏层输出，模型输出是长度为 2 的张量，其中的元素分别代表两个类别的分数，注意这时的模型输出并无意义，所以中间的模型输出都被舍弃了。这里有用的是隐藏层输出，第一个字的隐藏层输出会与第二个字的 ID 一起输入模型，模型可以从中得到前面文字的信息。

最后一个字的隐藏层输出没有意义，而最后一个字的模型输出则是整个模型的输出。图 5.1 到图 5.3 所示是 RNN 模型的工作过程。

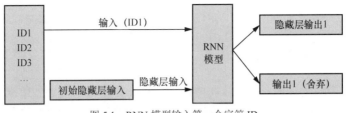

图 5.1 RNN 模型输入第一个字符 ID

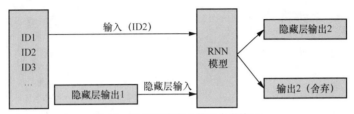

图 5.2 RNN 模型输入第二个字符 ID

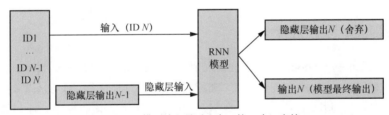

图 5.3 RNN 模型输入最后一个（第 N 个）字符 ID

可以看到，如果要在一段文本上运行 RNN 模型需要使用循环，初始隐藏层输入用全零向量，每次循环传一个字符进模型，舍弃中间的模型输出，但是保存隐藏层输出。这个过程的代码如下。

```
def run_rnn(rnn, input_tensor):
  hidden = rnn.initHidden()
  for i in range(input_tensor.size()[0]):
    output, hidden = rnn(input_tensor[i].unsqueeze(dim=0), hidden)
  return output
```

第一个参数 rnn 是模型对象，第二个参数 input_tensor 是输入的向量，可以使用 title_to_tensor 函数得到。run_rnn 函数中的 for 循环遍历输入向量，完成上述 RNN 执行过程，然后返回最后一个字符的模型输出。

5.4 数据预处理

为了方便训练和评估模型，我们可以先把数据划分为训练集和测试集，并根据需要打乱数据的顺序。另外可以预先调整数据的格式，添加标签，便于使用。PyTorch 提供了 Dataset 类和 DataLoader 类简化数据处理的过程，但是本节将使用自定义的方法完成该过程。

5.4.1　合并数据并添加标签

目前我们有两类帖子标题，分别放在两个列表中，首先可以为这些数据添加标签，然后放入同一个列表中，打乱顺序后按比例切分成数据集和测试集。添加标签并合并两个列表的代码如下。

```
all_data = []   # 定义新的列表用于保存全部数据
categories= ["考研考博", "招聘信息"]   # 定义两个类别，下标 0 代表 "考研考博"，1 代表 "招聘信息"
for l in academy_titles:   # 把 "考研考博" 的帖子标题加入到 all_data 中，并添加标签为 0
  all_data.append((title_to_tensor(l), torch.tensor([0], dtype=torch.long)))
for l in job_titles:   # 把 "招聘信息" 的帖子标题加入到 all_data 中，并添加标签为 1
  all_data.append((title_to_tensor(l), torch.tensor([1], dtype=torch.long)))
```

注意：这里在合并数据的同时把帖子标题转换成 ID 张量，而且标签也是张量，这样的好处是在后续的训练、评估过程中无须再进行转换为张量的操作。

5.4.2　划分训练集和数据集

可以使用 Python 的 random 库中的 shuffle 函数将 all_data 打乱顺序，并按比例划分训练集和测试集。这里将 70% 的数据作为训练集，30% 的数据作为测试集。sklearn 库中有函数可以实现打乱数据顺序并切分数组的功能，但这里我们仍使用简单的代码实现这个过程。

```
import random
random.shuffle(all_data)   # 打乱数组元素顺序
data_len = len(all_data)   # 数据条数
split_ratio = 0.7   # 训练集数据占比
train_data = all_data[:int(data_len*split_ratio)]   #切分数组
test_data = all_data[int(data_len*split_ratio):]
print("Train data size: ", len(train_data))   # 打印训练集和测试集长度
print("Test data size: ", len(test_data))
```

代码的输出如下。

```
Train data size:  4975
Test data size:   2133
```

训练集中有 4975 条数据，测试集中则有 2133 条数据。可以通过修改上面的 split_ratio 变量改变训练集数据的占比。

5.5　训练与评估

模型训练是根据训练数据和标签不断调整模型参数的过程；模型评估则是使用模型预测测试集结果，并与真实标签比对的过程。

5.5.1　训练

模型训练中，首先需要一个损失函数，用于评估模型输出与实际的标签之间的差距，然后基于这个差距来决定如何更新模型中每个参数。其次需要学习率，用于控制每次更新参数的速度。这里使用 NLLLoss 函数，它可以方便地处理多分类问题。虽然在下面的案例中只有两个类别，但如果后续需收集更多板块的帖子，可以通过简单地修改模型参数实现更多的分类。模型训练部分代码如下。

```
def train(rnn, criterion, input_tensor, category_tensor):
  rnn.zero_grad()  # 重置梯度
  output = run_rnn(rnn, input_tensor)  # 运行模型，并获取输出
  loss = criterion(output, category_tensor)  # 计算损失
  loss.backward()  # 反向传播

  # 根据梯度更新模型的参数
  for p in rnn.parameters():
    p.data.add_(p.grad.data, alpha=-learning_rate)

  return output, loss.item()
```

train 函数的第一个参数 rnn 是模型对象；第二个参数 criterion 是损失函数，可直接使用我们上面提到的 NLLLoss 函数；第三个参数 input_tensor 是输入的标题对应的张量；第四个参数 category_tensor 则是这个标题对应的分类，也是张量。

5.5.2　评估

模型评估是至关重要的，可了解模型的效果。有很多指标可以衡量模型的效果，比如训练过程中的损失，模型在一个数据集上的损失越小，说明模型对这个数据集的拟合程度越好；准确率（accuracy），表示在测试模型的过程中，模型正确分类的数据占全部测试数据的比例。这里采用准确率来评估模型，模型评估的代码如下。

```
def evaluate(rnn, input_tensor):
  with torch.no_grad():
    hidden = rnn.initHidden()
    output = run_rnn(rnn, input_tensor)
    return output
```

这里使用 torch.no_grad 函数，对于该函数中的内容 PyTorch 不会执行梯度计算，所以计算速度会更快。

5.5.3　训练模型

本小节仍在之前代码的基础上工作，前面已经定义过的变量这里不再重复，本书在线资源中包含了本章程序的完整代码，训练模型的代码如下。

```
from tqdm import tqdm
epoch = 1  # 训练轮数
learning_rate = 0.005  # 学习率
criterion = nn.NLLLoss()  # 损失函数
loss_sum = 0  # 当前损失累加
all_losses = []  # 记录训练过程中的损失变化，用于绘制损失变化图
plot_every = 100  # 每多少个数据记录一次平均损失
for e in range(epoch):  # 进行 epoch 轮训练（这里只有一轮）
    for ind, (title_tensor, label) in enumerate(tqdm(train_data)):  # 遍历训练集中每个数据
        output, loss = train(rnn, criterion, title_tensor, label)
        loss_sum += loss
        if ind % plot_every == 0:
            all_losses.append(loss_sum / plot_every)
            loss_sum = 0
    c = 0
    for title, category in tqdm(test_data):
        output = evaluate(rnn, title)
        topn, topi = output.topk(1)
        if topi.item() == category[0].item():
            c += 1
    print('accuracy', c / len(test_data))
```

首先我们引入 tqdm 库，这个库用来显示模型训练的进度。它能够自动计算并显示当前进度百分比、已消耗时间、预估剩余时间、每次循环使用的时间等信息，非常方便，可直接使用 pip install tqdm 命令安装。

第二行代码定义训练轮数，因为模型比较简单，实验中发现仅训练一轮就能达到良好效果，所以这里设为 1。很多时候可能要较多的轮数才能得到效果良好的模型。

然后定义学习率、损失函数还有用于记录训练过程中的损失的变量，训练完成后可以用这些数据绘制损失变化的折线图。

接下来的外层循环代表训练轮次，每轮训练会先遍历数据集，更新模型参数，紧接着遍历测试集，并计算 Accuracy。

在使用 Intel Celeron G4900（英特尔赛扬 G4900）CPU 的计算机上运行该代码，训练过程耗时 124 秒，评估过程耗时 4 秒。准确率为 99.25%，即测试集中的 2000 多个标题，有 99.25% 的标题该模型能够给出正确的分类。训练过程中的损失下降示意图如图 5.4 所示。

绘图代码如下。

```
import matplotlib.pyplot as plt

plt.figure(figsize=(10,7))
plt.ylabel('Average Loss')
plt.plot(all_losses[1:])
```

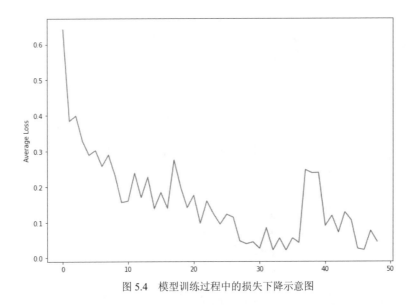

图 5.4 模型训练过程中的损失下降示意图

5.6 保存和加载模型

训练模型往往需要耗费较多的时间并使用大量数据，完成模型的训练和评估之后，我们可以把模型保存为文件，并在需要时再次加载模型。

5.6.1 仅保存模型参数

使用 torch.save 函数保存模型参数，即通过模型的 state_dict 函数获取模型参数，加载模型时需要先创建该模型的类，然后使用新创建的类加载之前保存的参数，代码如下。

```
# 保存模型
torch.save(rnn.state_dict(), 'rnn_parameter.pkl')

# 加载模型
embedding_size = 200
n_hidden = 128
n_categories = 2
rnn = RNN(n_chars, embedding_size, n_hidden, n_categories)
rnn.load_state_dict(torch.load('rnn_parameter.pkl'))
```

5.6.2 保存模型与参数

使用 torch.save 函数直接保存模型对象，加载时使用 torch.load 函数直接得到模型对象，不需要重新定义模型，代码如下。

```
#保存模型
torch.save(rnn, 'rnn_model.pkl')

# 加载模型
rnn = torch.load('rnn_model.pkl')
```

5.6.3　保存词表

保存模型时需要保存词表，词表实际上是字符与 ID 的对应关系，可以使用 json 包把词表列表存为 json 文件，代码如下。

```
import json

# 保存词表
with open('char_list.json', 'w') as f:
    json.dump(char_list, f)

# 加载词表
with open('char_list.json', 'r') as f:
    char_list = json.load(f)
```

5.7　开发应用

5.7.1　给出任意标题的建议分类

输出分类结果的代码的主全部分与 5.5.2 小节中的评估函数类似，或者直接调用评估函数，只是需要返回值为类别的名称，代码如下。

```
def get_category(title):
    title = title_to_tensor(title)
    output = evaluate(rnn, title)
    topn, topi = output.topk(1)
    print(categories[topi.item()])
```

进行如下测试。

```
def print_test(title):
    print('%s\t%s' % (title, get_category(title)))

print_test('考研心得')
print_test('北大实验室博士')
print_test('考外校博士')
print_test('北大实验室招博士')
print_test('工作 or 考研?')
print_test('急求自然语言处理工程师')
print_test('校招 offer 比较')
```

模型输出的结果如下。

考研心得	考研考博
北大实验室博士	考研考博
考外校博士	考研考博
北大实验室招博士	招聘信息
工作 or 考研?	招聘信息
急求自然语言处理工程师	招聘信息
校招 offer 比较	招聘信息

注意：有的结果是合理的，有的可能未必合理。而且使用相同的代码训练的模型对同样的标题的分类可能不同。

5.7.2 获取用户输入并返回结果

在 Python 3 中使用 input 函数即可接收用户的输入，类型为字符串。我们可以把预先训练好的模型保存为文件，如保存模型和参数，文件名为 title_rnn_model.pkl。然后新建一个 Python 文件 test_input.py，文件内容如下。

```python
import json
import torch
import torch.nn as nn

class RNN(nn.Module):
    def __init__(self, word_count, embedding_size, hidden_size, output_size):
        super(RNN, self).__init__()

        self.hidden_size = hidden_size
        self.embedding = torch.nn.Embedding(word_count, embedding_size)
        self.i2h = nn.Linear(embedding_size + hidden_size, hidden_size)
        self.i2o = nn.Linear(embedding_size + hidden_size, output_size)
        self.softmax = nn.LogSoftmax(dim=1)

    def forward(self, input_tensor, hidden):
        word_vector = self.embedding(input_tensor)
        combined = torch.cat((word_vector, hidden), 1)
        hidden = self.i2h(combined)
        output = self.i2o(combined)
        output = self.softmax(output)
        return output, hidden

    def initHidden(self):
        return torch.zeros(1, self.hidden_size)

rnn = torch.load('title_rnn_model.pkl')
categories = ["考研考博", "招聘信息"]
with open('char_list.json', 'r') as f:
    char_list = json.load(f)
n_chars = len(char_list) + 1 # 加一个 UNK
```

```
def title_to_tensor(title):
    tensor = torch.zeros(len(title), dtype=torch.long)
    for li, ch in enumerate(title):
        try:
            ind = char_list.index(ch)
        except ValueError:
            ind = n_chars - 1
        tensor[li] = ind
    return tensor

def run_rnn(rnn, input_tensor):
    hidden = rnn.initHidden()
    for i in range(input_tensor.size()[0]):
        output, hidden = rnn(input_tensor[i].unsqueeze(dim=0), hidden)
    return output

def evaluate(rnn, input_tensor):
    with torch.no_grad():
        hidden = rnn.initHidden()
        output = run_rnn(rnn, input_tensor)
        return output

def get_category(title):
    title = title_to_tensor(title)
    output = evaluate(rnn, title)
    topn, topi = output.topk(1)
    return categories[topi.item()]

if __name__ == '__main__':
    while True:
        title = input()
        if not title:
            break
        print(get_category(title))
```

运行该文件将加载之前保存的模型、词表，并开始等候用户输入，用户每输入一行文字，模型将返回对这行文字的分类结果。如果输入空行则退出该文件。

5.7.3　开发 Web API 和 Web 界面

在 Python 中可以很容易地使用 Web 框架（如 Flask 框架）快速开发一个 Web 界面或者 Web API，Web 界面可为用户提供服务，API 则可以被其他程序调用。

此处仅修改第 5.7.2 小节代码倒数第六行，也就是"if __name__ == '__main__':"及之后的内容，把这个命令行程序改造成一个同时支持 Web API 和 Web 界面的程序。

用到的 Flask 库可以通过 pip install flask 命令安装。

把 5.7.2 小节代码的倒数第六行及之后的代码替换成以下代码即可实现基于 Flask 的 Web 程序。

```
if __name__ == '__main__':
    import flask
    app = flask.Flask(__name__)  # 创建 Flask 应用对象
    @app.route('/')  # 绑定 Web 服务的 "/" 路径
    def index():
        title = flask.request.values.get('title')  # 从 HTTP 请求的 GET 参数中获取 key 为
"title"的参数
        if title:  # 获取到正确的参数则调用模型进行分类
            return get_category(title)
        else:  # 如果没有获取到参数或者参数为空
            return "<form><input name='title' type='text'><input type='submit'></form>"
    app.run(host='0.0.0.0', port=12345)
```

启动程序后该程序将监听本机的 12345 端口，在浏览器访问地址 http://127.0.0.1:12345/，将看到图 5.5 所示的界面效果。

单击"Submit"（提交）按钮即可得到所查询的标题的预测结果，模型对"硕博连读"的预测结果如图 5.6 所示。

图 5.5　界面效果　　　　　　　　　　　　　图 5.6　预测结果

5.8　小结

本章展示了一个非常简单的模型，以及使用模型实现的简单应用。应用界面比较简陋，因为应用开发并不是本书的重点，仅用作演示。该模型虽然有 99%以上的准确率，但是实际应用中的效果并不理想。首先受到模型结构影响，其次训练数据十分有限，模型不能接触到足够多的信息。

之所以这里的模型能有较高的准确率，是因为我们选择的两个主题在用词上的差异比较明显，即使使用规则匹配的方法也能取得不错的效果。

本章的目的是让读者能对自然语言处理有一个整体性的认识，从数据、模型、训练、评估到最终的部署和应用。

第 3 篇
用 PyTorch 完成自然语言处理任务篇

第 6 章　分词问题

中文分词与英文分词的一个显著区别是中文的词之间缺乏明确的分隔符。分词是中文自然语言处理中的一个重要问题，但是分词本身是困难的，自然语言处理也面临着同样的基本问题，如歧义、未识别词等。

本章主要涉及的知识点如下。

- ❑　中文分词概述。
- ❑　分词原理。
- ❑　使用第三方工具分词。

6.1　中文分词

中文分词的困难主要在于自然语言的多样性。首先，分词可能没有标准答案，对于某些句子，不同的人可能会有不同的分词方法，且都有合理性。其次，合理地分词可能需要一些额外的知识，如常识或者专业知识。最后，句子可能本身有歧义，不同的分词方法会使其表示不同的意义。

6.1.1　中文的语言结构

中文的语言结构可大致分为字、语素、词、句子、篇章这几个层次。如果再细究，字还可以划分为部首、笔画或者读音方面的音节。我们主要看字、语素和词。

语素是有具体意义的最小的语言单元，很多汉字都有自身的意义，它们本身就是语素。例如"自然"是一个语素，不能拆分，"自"和"然"分开就不再具有原来的意义了；还有很多由一个字构成的语素，如"家""人"本身就有明确意义。

可以把语素组合起来构成词语，如上面提到的"家"和"人"组成"家人"，这是两个语素的意义的融合。通过一些规则来组合语素可以构成大量词。中文有多种多样的构词法，这实际上给按照词表分词的方法带来了困难，因为难以用一个词表包含可能出现的所有词语。

6.1.2 未收录词

用词表匹配的方式分词简单且高效，但问题是无法构造一个包含所有可能出现的词语的词表。词的总量始终在增加，总有新的概念和词语出现，比如新的流行用法，以及人名、地名和其他的实体名（如新成立的公司的名字）等。

自然语言中还有一些习惯用法，如表达"吃饭"，我们可以说"我现在去吃饭"，也可以说"我现在去吃个饭"，还可以说"我这就去吃个饭"。在问句里可以说"你去不去吃饭？"，或者"你吃不吃饭？"。"吃个饭""跑个步""打个球"这类词语都是从习惯用法变化而来的。

6.1.3 歧义

即使有比较完善的词表，分词也会受到歧义问题的影响，同一个位置可能匹配多个词。

中国古文中原本没有标点符号。文言文中常会看到一些没有意义的语气词，它们可以用于帮助断句，但是实际上有很多古文的断句至今仍有争议。比如对于"下雨天留客天留我不留"这句话，使用不同的分词方法就会表示不同的意义。如：下雨天/留客/天留/我不留，意思就是"下雨天要留下客人，天想留客，但我不要留"；下雨天/留客天/留我不/留，意思就变成了"下雨的天也是留客人的天，要留我吗？留啊！"这个例子比较夸张，通过特地挑选的词语构造出一个有明显歧义的句子，类似的例子还有很多，实际上我们生活中遇到的很多句子在分词时都可能产生歧义。歧义可以通过经验来解决，有一些歧义虽然从语义上能讲通，但是可能不合逻辑或者与事实不符，又或者和上下文语境冲突，所以人可以排除这些歧义。这就说明了想要排除歧义，仅仅通过句子本身是不够的，往往需要上下文、生活常识等。

6.2 分词原理

中文分词很困难，但是其对自然语言处理的研究有很大意义。一般来说，如果采用合适的分词方法，可以在自然语言处理任务上取得很好的效果。

6.2.1 基于词典匹配的分词

这个方法比较简单，执行效率高。具体的方法就是按一定顺序扫描语料，同时在词典中查询当前的文字是否构成一个词语，如果构成词语则把这个词语切分出来。显然，该方法有两个关键点：词典，匹配规则。

词典容易理解，就是把可能出现的词语放到一个数据结构中，等待和语料的比较。例如，可以定义如下词表：{"今天"，"学习"，"天天"，"天气"，"钢铁"，"钢铁厂"，"我们"，"塑钢"}。词表可能需要手动标注给出。

按照匹配规则可分为以下 4 种具体的方法。

1. 最大正向匹配

从开头扫描语料，并匹配词典，遇到词典中出现的词语，并确认这个词语是可在词典中匹配到的最长的词，就成功匹配到这个词，比如"我"和"我们"都是词典中的词，"我们走"，会匹配到更长的"我们"而不是"我"。例如采用上面定义的词表，使用最大正向匹配给"今天我们参观钢铁厂的车间"这句话分词，得到的结果是：今天/我们/参观/钢铁厂/的/车/间。

这里先匹配到了"钢铁"，然后尝试匹配"钢铁厂"，发现钢铁厂也在词表中。然后继续匹配"钢铁厂的"，发现这个词不在词表中，于是把找到的最长结果"钢铁厂"而不是最早匹配到的"钢铁"切分出来。

如果不用最大正向匹配而使用最小正向匹配，即一发现这个词就立刻切分，则这个词表中的"钢铁厂"永远都不会被匹配到。

另外，这个例子中"车间"也是一个词语，但是词表中没有收录，所以无法正确地切分出来。切分的效果跟词表有很大关系。

同样地，要给句子"今天天气很好"分词，结果为：今天/天气/很/好。虽然"天天"也在词表中，但是不会被匹配，因为匹配到"今天"之后，就从"天气"开始继续匹配了，不会查找"天天"是否在词表中。

2. 最大逆向匹配

与最大正向匹配类似，只是它的扫描的方向是从后向前，在某些情况下会给出与最大正向匹配不同的结果，如"台塑钢铁厂"，台塑是钢铁厂的名字。还是用最初的词表，最大正向匹配的结果为：台/塑钢/铁/厂；使用最大逆向匹配则得到一个更合理的结果：台/塑/钢铁厂。

3. 双向最大匹配

结合前面两种方法进行匹配。这样可以通过两种匹配方法得到不同的结果，进而发现使用不同分词方法产生的歧义。

4. 最小切分法

这种方法要求句子切分的结果是"按照词典匹配后切分次数最少"的情况。这样可以保证尽量多地匹配词典中的词汇。因为无论是正向匹配还是逆向匹配，都有可能把正常的词切分开从而导致一些词语无法被匹配到。

6.2.2　基于概率进行分词

这种方法不依赖于词典，但是需要从给定的语料中学习词语的统计关系。这种方法的思想是比较不同分词方法出现的概率。这个概率根据最初给定的语料来计算，目标是找到一种概率最大的分法，并认为这种分法是最佳的分词方法。这种方法的好处是可以使用整个句子的字符共同计算概率。

例如，有一个包含很多文字、经过人工分词的语料，可以先统计采用不同分词方分词法后，词语共同出现的频率，如果某些词语出现在一个句子中的频率很高，说明这种词语的划分方法更加常见。再给定待分词的语料，枚举可能的分词结果，根据之前统计的频率来估算这种分词结果出现的概率，并选择出现概率最大的分词结果作为最终结果。

例如，句子"并广泛动员社会各方面的力量"，可以先根据一个词表找出如下几种可能的分词方法。

['并', '广泛', '动员', '社会', '各', '方面', '的', '力量']

['并', '广泛', '动员', '社会', '各方', '面', '的', '力量']

['并', '广泛', '动员', '社会', '各方', '面的', '力量']

然后可以根据这些词语共同出现的频率找到最可能的情况，选择一个最终结果。

利用该方法分词的示例代码如下。

```python
#!/usr/bin/env python3
import sys
import os
import time

class TextSpliter(object):
    def __init__(self, corpus_path, encoding='utf8', max_load_word_length=4):
        self.dict = {}
        self.dict2 = {}
        self.max_word_length = 1
        begin_time = time.time()
        print('start load corpus from %s' % corpus_path)
        # 加载语料
        with open(corpus_path, 'r', encoding=encoding) as f:
            for l in f:
                l.replace('[', '')
                l.replace(']', '')
                wds = l.strip().split('  ')

                last_wd = ''
                for i in range(1, len(wds)): # 下标从1开始，因为每行第一个词是标签
                    try:
                        wd, wtype = wds[i].split('/')
                    except:
                        continue
                    if len(wd) == 0 or len(wd) > max_load_word_length or not wd.isalpha():
                        continue
```

```
                    if wd not in self.dict:
                        self.dict[wd] = 0
                        if len(wd) > self.max_word_length:
                            # 更新最大词长度
                            self.max_word_length = len(wd)
                            print('max_word_length=%d, word is %s' %(self.max_word_length, wd))
                    self.dict[wd] += 1
                    if last_wd:
                        if last_wd+':'+wd not in self.dict2:
                            self.dict2[last_wd+':'+wd] = 0
                        self.dict2[last_wd+':'+wd] += 1
                    last_wd = wd
        self.words_cnt = 0
        max_c = 0
        for wd in self.dict:
            self.words_cnt += self.dict[wd]
            if self.dict[wd] > max_c:
                max_c = self.dict[wd]
        self.words2_cnt = sum(self.dict2.values())
        print('load corpus finished, %d words in dict and frequency is %d, %d words in
dict2 frequency is %d' % (len(self.dict),len(self.dict2), self.words_cnt, self.words2_
cnt), 'msg')
        print('%f seconds elapsed' % (time.time()-begin_time), 'msg')

    def split(self, text):
        sentence = ''
        result = ''
        for ch in text:
            if not ch.isalpha():
                result += self.__split_sentence__(sentence) + ' ' + ch + ' '
                sentence = ''
            else:
                sentence += ch
        return result.strip(' ')

    def __get_a_split__(self, cur_split, i):
        if i >= len(self.cur_sentence):
            self.split_set.append(cur_split)
            return
        j = min(self.max_word_length, len(self.cur_sentence) - i + 1)
        while j > 0:
            if j == 1 or self.cur_sentence[i:i+j] in self.dict:
                self.__get_a_split__(cur_split + [self.cur_sentence[i:i+j]], i+j)
                if j == 2:
                    break
            j -= 1

    def __get_cnt__(self, dictx, key):
        # 获取出现次数
        try:
        return dictx[key] + 1
```

```
        except KeyError:
            return 1

    def __get_word_probablity__(self, wd, pioneer=''):
        if pioneer == '':
            return self.__get_cnt__(self.dict, wd) / self.words_cnt
        return self.__get_cnt__(self.dict2, pioneer + ':' + wd) / self.__get_cnt__(self.
dict, pioneer)

    def __calc_probability__(self, sequence):
        probability = 1
        pioneer = ''
        for wd in sequence:
            probability *= self.__get_word_probablity__(wd, pioneer)
            pioneer = wd
        return probability

    def __split_sentence__(self, sentence):
        if len(sentence) == 0:
            return ''
        self.cur_sentence = sentence.strip()
        self.split_set = []
        self.__get_a_split__([], 0)
        print(sentence + str(len(self.split_set)))
        max_probability = 0
        for splitx in self.split_set:
            probability = self.__calc_probability__(splitx)  # 计算概率
            print(str(splitx)+ ' - ' +str(probability))
            if probability > max_probability:   # 测试是否超过当前记录的最高概率
                max_probability = probability
                best_split = splitx
        return ' '.join(best_split)   # 把列表拼接为字符串

if __name__ == '__main__':
    btime = time.time()
    base_path = os.path.dirname(os.path.realpath(__file__))
    spliter = TextSplitter(os.path.join(base_path, '199801.txt'))
    with open(os.path.join(base_path, 'test.txt'), 'r', encoding='utf8') as f:
        with open(os.path.join(base_path, 'result.txt',), 'w', encoding='utf8') as fr:
            for l in f:
                fr.write(spliter.split(l))
    print ('time elapsed %f' % (time.time() - btime))
```

6.2.3 基于机器学习的分词

这种方法的缺点是需要用标注好的语料做训练数据来训练分词模型。模型可以对每个字符输出标注，表示这个字符是否是新的词语的开始。例如后文介绍到的结巴分词工具就使用了双向 GRU 模型进行分词。

6.3 **使用第三方工具分词**

第 6.2 节给出了分词的基本方法，这些基本方法在实际应用中往往不能取得很好的效果，可以简单地借助一些第三方工具完成分词任务。

6.3.1　S-MSRSeg

S-MSRSeg 是微软亚洲研究院自然语言计算组（Natural Language Computing Group）开发并于 2004 年发布的中文分词工具，是 MSRSeg 的简化版本，S-MSRSeg 没有提供新词识别等功能。

S-MSRSeg 不是开源工具，但是可免费下载。

下载并解压后需要建立一个 data 文件夹，把"lexicon.txt""ln.bbo""neaffix.txt""neitem.txt""on.bbo""peinfo.txt""pn.bbo""proto.tbo""table.bin"文件放入该文件夹中。然后把要分词的文件放入一个文本文件中，比如新建一个"test.txt"文件，但是这个文件需要使用汉字国标扩展码（Chinese character GB extended code,GBK）编码，如果使用 UTF-8 编码则会导致无法识别。比如写入以下几个句子。

> 并广泛动员社会各方面的力量
> 今天我们参观台塑钢铁厂的车间
> 今天天气很好
> 我这会儿先去吃个饭

然后在当前文件夹下打开命令提示符窗口，输入命令"s-msrseg.exe test.txt"开始分词，结果如图 6.1 所示。

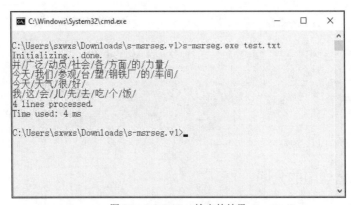

图 6.1　S-MSRSeg 输出的结果

压缩包内的"msr.gold.1k.txt"文件包含 1000 句已经手动分词的中文句子，而"msr.raw.1k.txt"文件则包含没有分词的句子。

"cl-05.gao.pdf" 文件是详细介绍该工具原理的论文 *Chinese Word Segmentation and Named Entity Recognition: A Pragmatic Approach*。

注意：保存文本文件时需要手动选择编码为 GBK 或 ANSI，否则 S-MSRSeg 无法正常识别文本，可能会出现乱码。

6.3.2　ICTCLAS

ICTCLAS 是中科院开发的开源的中文分词系统。该工具使用 Java 开发，可以直接下载打包好的 jar 文件。源码仓库中有该工具的使用说明和代码示例。

6.3.3　结巴分词

这是使用 Python 开发的开源中文分词工具。可使用 pip 命令安装：pip install jieba。

结巴分词支持 4 种模式：精确模式，可以实现较高精度地分词，有解决歧义的功能；全模式，可以把句子中所有词语都扫描出来，但是不解决歧义，这种模式的优点是速度快；搜索引擎模式，可以在精确模式的基础上对长词再切分，有利于搜索引擎的匹配；paddle 模式，使用百度公司的飞桨框架实现的基于机器学习的分词，并可以标注词语的词性。

基本的使用方法如下。

```
import jieba
print('/'.join(list(jieba.cut("并广泛动员社会各方面的力量"))))
```

jieba.cut 是用于分词的函数，返回的是一个生成器，可以使用列表构造器把生成器转换为列表，然后使用 join 方法合成一个字符串便于展示，上面代码执行的结果如下。

```
Building prefix dict from the default dictionary ...
Dumping model to file cache C:\Users\sxwxs\AppData\Local\Temp\jieba.cache
Loading model cost 0.969 seconds.
Prefix dict has been built successfully.
'并/广泛/动员/社会/各/方面/的/力量'
```

6.3.4　pkuseg

使用 pkuseg 默认配置进行分词的代码如下。

```
import pkuseg
seg = pkuseg.pkuseg()                    # 以默认配置加载模型
text = seg.cut('并广泛动员社会各方面的力量')    # 进行分词
print(text)
```

输出的结果如下。

```
['并', '广泛', '动员', '社会', '各', '方面', '的', '力量']
```

可以开启词性标注模式。

```
import pkuseg

seg = pkuseg.pkuseg(postag=True)  # 开启词性标注功能
text = seg.cut('并广泛动员社会各方面的力量')  # 进行分词和词性标注
print(text)
```

输出的结果如下。

```
[('并', 'c'), ('广泛', 'ad'), ('动员', 'v'), ('社会', 'n'), ('各', 'r'), ('方面', 'n'),
('的', 'u'), ('力量', 'n')]
```

pkuseg 词性符号对照如表 6.1 所示。

表 6.1 pkuseg 词性符号对照[1]

符号	含义	符号	含义	符号	含义	符号	含义
n	名词	v	动词	e	叹词	x	非语素字
t	时间词	a	形容词	o	拟声词	w	标点符号
s	处所词	z	状态词	i	成语	nr	人名
f	方位词	d	副词	l	习惯用语	ns	地名
m	数词	p	介词	j	简称	nt	机构名称
q	量词	c	连词	h	前接成分	nx	外文字符
b	区别词	u	助词	k	后接成分	nz	其他专名
r	代词	y	语气词	g	语素	vd	副动词

可以通过 pkuseg 方法的 model_name 参数指定特定领域的模型。pkuseg 的可选参数如表 6.2 所示。

表 6.2 pkuseg 的可选参数[2]

参数	默认	含义	可选值
model_name	default	使用的模型名称	"news"，使用新闻领域模型； "web"，使用网络领域模型； "medicine"，使用医药领域模型； "tourism"，使用旅游领域模型； 或者使用路径指定用户自定义模型
user_dict	default	用户词典	None，不使用词典； 或者通过路径指定词典，词典格式为一行一个词（如果选择进行词性标注并且已知该词的词性，则在该行写下词和词性，中间用 tab 字符隔开）
postag	False	是否进行词性分析	True / False

---

[1] 引用自开源项目 pkuseg-python 中提供的 "tags.txt" 文件。详情链接见本书在线资源。

[2] 引用自开源项目 pkuseg-python。

使用词性分析或者其他一些参数可能需要额外下载模型，模型会在需要时自动下载。或者可以到项目的 Release 页面手动下载。

6.4 实践

本节我们将继续第 5 章的场景，使用结巴分词工具对帖子标题数据进行分词，并把字符级 RNN 改为词语级 RNN。

6.4.1 对标题分词

仍使用第 5 章数据，首先修改载入数据代码，之前直接把去除白空格后的标题插入数组，现在则再使用 jieba.cut 做分词处理并转为列表。

```python
# 定义两个列表分别存放两个板块的帖子数据
import jieba
academy_titles = []
job_titles = []
with open('academy_titles.txt', encoding='utf8') as f:
    for l in f:  # 按行读取文件
        academy_titles.append(list(jieba.cut(l.strip( ))))  # strip 方法用于去掉行尾空格
with open('job_titles.txt', encoding='utf8') as f:
    for l in f:  # 按行读取文件
        job_titles.append(list(jieba.cut(l.strip( ))))  # strip 方法用于去掉行尾空格
```

分词的结果是一个数组，如图 6.2 所示。

```
 1  # 定义两个list分别存放两个板块的帖子数据
 2  import jieba
 3  academy_titles = []
 4  job_titles = []
 5  with open('academy_titles.txt', encoding='utf8') as f:
 6      for l in f:  # 按行读取文件
 7          academy_titles.append(list(jieba.cut(l.strip( ))))  # strip 方法用于去掉行尾空格
 8  with open('job_titles.txt', encoding='utf8') as f:
 9      for l in f:  # 按行读取文件
10          job_titles.append(list(jieba.cut(l.strip( ))))  # strip 方法用于去掉行尾空格
```

```
executed in 2.32s, finished 18:34:25 2020-09-08
Building prefix dict from the default dictionary ...
Loading model from cache C:\Users\sxwxs\AppData\Local\Temp\jieba.cache
Loading model cost 0.787 seconds.
Prefix dict has been built successfully.
```

```
 1  academy_titles[2]
executed in 7ms, finished 18:34:52 2020-09-08
```

['出售', '新闻', '学院', '2015', '年', '考研', '资料']

图 6.2 分词结果

6.4.2 统计词语数量与模型训练

下面的代码实际与第 5 章的一致，仅把 char 或 ch 修改为 word。

```
word_set = set()
for title in academy_titles:
    for word in title:
        word_set.add(word)
for title in job_titles:
    for word in title:
        word_set.add(word)
print(len(word_set))
```

　　代码输出的结果是 4085，即一共出现了 4085 个不同的词，而在之前的字符统计中，不同的字符数量是 1570。至此我们已经建立了词语到 ID 的映射，可以把数据中出现过的词转换为整数。

　　后面的训练和评估部分代码无须修改。训练 1 轮后准确率达到 99.02%。

6.4.3　处理用户输入

　　需要先对用户输入分词，然后转换为列表，再使用 title_to_tensor 函数转换为 tensor。

```
title = input()
title = list(jieba.cut(l.strip()))
print(get_category(title))
```

6.5　小结

　　分词对于中文自然语言处理是很重要的，但不是必须的。如第 5 章使用字符级 RNN 分类帖子标题，字符级 RNN 直接处理字符，所以无须分词。但是一般来说，分词可以提高模型效果。

第7章　RNN

RNN 可以用来处理不定长度的序列数据，但是它本身的参数规模是固定的。RNN 每次处理序列中的一个数据，但是它的输入除了当前元素外，还包括网络对上一个元素的输出。RNN 模型的输出可以是与输入等长的序列或者是单个向量。

本章主要涉及的知识点如下。

❏　RNN 模型的结构与工作方法。

❏　原始 RNN。

❏　原始 RNN 的问题。

❏　LSTM。

❏　GRU。

❏　PyTorch 中的 RNN 类模型。

❏　RNN 可以完成的任务。

7.1　RNN 的原理

RNN 是一类用于处理序列数据的神经网络，其特点是可以处理不定长度的数据序列。RNN 有记忆能力，可以解决需要依赖序列中不同位置数据共同得出结论的问题。

7.1.1　原始 RNN

第 5 章中实现了一个结构非常简单的 RNN，也简单介绍了其工作原理。这里我们进一步讲解其原理。图 7.1 所示是一种常见的 RNN 示意图。

还有另外一种表示方法，如图 7.2 所示，可以看到输入是一个序列。

实际上图 7.2 和图 7.1 表示的意思完全相同。图 7.1 反映 RNN 的内部结构；图 7.2 则展示 RNN 工作时的状态，其中虽然有多个 RNN 但表示的是同一个模型（工作中不同时刻的同一个模型）。

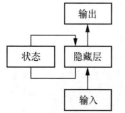

图 7.1　一种常见的 RNN 示意图

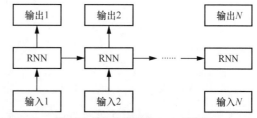

图 7.2　输入为序列的 RNN 示意图

这里的输入序列可能是自然语言中的一句话。例如"我爱学习"这句话，如果按字分割作为输入，那么输入序列有 4 个元素，分别是"我""爱""学""习"。如果模型是一个句子成分标记模型，那么输出可能是：输出 1"主语"，对应输入 1"我"，输出 2"谓语"，对应输入 2"爱"，以此类推。

结合第 5 章的内容，我们可以补充这两幅示意图相差的细节，如下。

（1）图 7.2 中虽然有 N 个 RNN，但实际上模型中只有一份参数，所以是同一个模型执行了 N 次，而不是有 N 个模型或 RNN 单元。每一次运行的参数也都是一样的，只有输入输出不同。

（2）图 7.1 中的状态并不是 RNN 的一部分（从第 5 章的模型实现中可以看出）。比如，第二次执行 RNN 的状态实际上是第一次执行的隐藏层的输出，第三次的状态是第二次的输出，而第一次的状态则是初始状态。RNN 的状态是通过上一次的隐藏层输出保持的。

所以我们可以给出这个模型的运行状态。图 7.3 表示的是 RNN 处理输入序列中的第一个元素。

处理完第一个元素后我们除了得到输出 1 以外，还得到隐藏层输出 1；处理第二个元素的时候就把隐藏层输出 1 作为隐藏层的输入，实际上这就是 RNN 可以记忆之前元素的原因。处理输入 2 时使用输入 1 的隐藏层输出作为隐藏层输入，如图 7.4 所示。

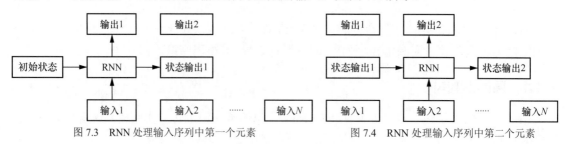

图 7.3　RNN 处理输入序列中第一个元素　　　　图 7.4　RNN 处理输入序列中第二个元素

RNN 的公式可以用下面的方法表示。

$$状态输出i = \text{I2S}（输入i, 状态输出i-1）$$
$$模型输出i = \text{I2O}（输入i, 状态输出i-1）$$

这里的 I2S 表示输入到状态的转换，I2O 表示输入到输出的转换。可参考第 5 章中实现的简单 RNN 的代码。

```python
class RNN(nn.Module):
    def __init__(self, word_count, embedding_size, hidden_size, output_size):
        super(RNN, self).__init__()

        self.hidden_size = hidden_size
        self.embedding = torch.nn.Embedding(word_count, embedding_size)
        # 输入到隐藏层（状态）的转换
        self.i2s = nn.Linear(embedding_size + hidden_size, hidden_size)
        # 输入到输出的转换
        self.i2o = nn.Linear(embedding_size + hidden_size, output_size)
        self.softmax = nn.LogSoftmax(dim=1)

    def forward(self, input_tensor, hidden):
        word_vector = self.embedding(input_tensor)
        combined = torch.cat((word_vector, hidden), 1)
        hidden = self.i2s(combined)
        output = self.i2o(combined)
        output = self.softmax(output)
        return output, hidden

    def initHidden(self):
        return torch.zeros(1, self.hidden_size)
```

forward 函数的两个参数"input_tensor"和"hidden"分别是"输入 i""状态输出 $i-1$"。forward 函数内部的 combined = torch.cat((word_vector, hidden), 1)把这二者拼接到一起，而 hidden = self.i2s(combined)实现从输入到状态输出的转换，output = self.i2o(combined)实现从输入到输出的转换。

因为模型对上文的记忆是通过隐藏层输出不断向后传递的，所以这样的 RNN 只能允许后面的输入结合前面的输入信息。使用两个方向相反的 RNN 构成双向 RNN，则可以同时兼顾上下文信息。

7.1.2 LSTM

LSTM 是对 RNN 的一种改进，于 1997 年被提出，主要用于解决序列中长距离依赖的问题。普通的 RNN 模型仅通过一个隐藏层输出传递所有上文的信息，由于梯度消失问题，反向传播过程中到达序列尾部时梯度会变得非常小，导致更新速度变慢。

LSTM 把状态输出分为两个部分：c 和 h，其结构示意图如图 7.5 所示。

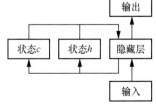

图 7.5　LSTM 结构示意图

其中，状态 c 主要反映上一个单元的状态，h 则反映一个长期的状态。在相邻单元之间，c 变化比较快，而 h 变化相对较慢，或者说 h 的值更稳定。为了实现 c 变化快，而 h 相对稳定，LSTM 引入了门结构。

LSTM 可用如下公式表示。

$$状态 c_i = z^f \odot c_{i-1} + z^i \odot z$$
$$状态 h_i = z^{fo} \odot \tan h(c_{i-1})$$
$$输出_i = 120(状态 c_i,\ 状态 b_i)$$

其中的 z^i、z^f 和 z^{fo} 分别是输入门、遗忘门和输出门，用于控制输入、遗忘和输出，它们的计算公式如下。

$$z^i = \sigma(输入_i \times W_i + h_{i-1} \times W_{hi})$$
$$z^f = \sigma(输入_i \times W_f + h_{i-1} \times W_{hf})$$
$$z^o = \sigma(输入_i \times W_o + h_{i-1} \times W_{ho})$$
$$z = \tan h(输入_i \times W_z + h_{i-1} \times W_{hz})$$

其中代表 Sigmoid 函数，W 代表模型的权重参数，z 代表更新门 LSTM 的内部结构示意图如图 7.6 所示。

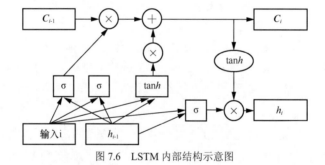

图 7.6　LSTM 内部结构示意图

LSTM 可以达到良好的效果，但是从公式可以看出它引入了很多的参数，且计算过程复杂。

7.1.3　GRU

GRU 与 LSTM 类似，也使用门结构，但是 GRU 结构更简单。GRU 只有两个门，且只有一个状态输出。

GRU 的公式如下。

$$h_i = (1-z) \odot h_{i-1} + h_i$$
$$输出 = 120(h_i)$$

还有重置门，表示为 r。z、r、h_i 的计算公式如下。

$$z = \sigma(输入_i \times W_z + h_{i-1} \times W_{hz})$$
$$r = \sigma(输入_i \times W_r + h_{i-1} \times W_{hz})$$
$$h_i = \tan h(输入_i \times W_h + (r \odot h_{i-1}) \times W_h)$$

GRU 内部结构如图 7.7 所示。

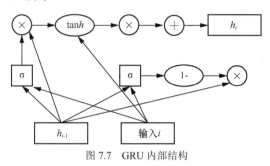

图 7.7　GRU 内部结构

7.2　PyTorch 中的 RNN

PyTorch 提供 RNN、LSTM 和 GRU 3 种模型，在之前章节我们已经介绍过它们的构造参数，本节将介绍具体的使用方法。

7.2.1　使用 RNN

第 4 章介绍过 torch.nn.RNN 的参数。下面使用 torch.nn.RNN 实现第 5 章中的模型，代码如下。

```
import torch.nn as nn
class RNN(nn.Module):
    def __init__(self, word_count, embedding_size, hidden_size, output_size):
        super(RNN, self).__init__()
        self.hidden_size = hidden_size
        self.embedding = torch.nn.Embedding(word_count, embedding_size)
        self.rnn = nn.RNN(embedding_size, hidden_size, num_layers=1, bidirectional=False,
batch_first=True)   # 使用 torch.nn.RNN 类
        self.cls = nn.Linear(hidden_size, output_size)
        self.softmax = nn.LogSoftmax(dim=0)

    def forward(self, input_tensor):
        word_vector = self.embedding(input_tensor)
        output = self.rnn(word_vector)[0][0][len(input_tensor)-1]
        output = self.cls(output)
        output = self.softmax(output)
        return output
```

与第 7.1.1 小节的代码（就是引用的第 5 章模型定义部分代码）对比， RNN 中去掉了 initHidden 方法，因为使用 nn.RNN 类之后无须手动传入 hidden 层输入，也就是 RNN 的状态。我们也不再需要使用循环来处理标题中的每个字，而是可以一次传入整个标题，所以没有了 I2S 和 I2O 两个 Linear 层，但是新增一个把输出维度转换为种类数的 Linear 层 cls。

同时 run_rnn 函数可以变得很简单。

```
def run_rnn(rnn, input_tensor):
    output = rnn(input_tensor.unsqueeze(dim=0))
    return output
```

根据 run_rnn 的变化，对 train 函数和 evaluate 函数也做相应调整。

```
def train(rnn, criterion, input_tensor, category_tensor):
    rnn.zero_grad()
    output = run_rnn(rnn, input_tensor)
    loss = criterion(output.unsqueeze(dim=0), category_tensor)
    loss.backward()
    # 根据梯度更新模型参数
    for p in rnn.parameters():
        p.data.add_(p.grad.data, alpha=-learning_rate)
    return output, loss.item()
def evaluate(rnn, input_tensor):
    with torch.no_grad():
        output = run_rnn(rnn, input_tensor)
        return output
```

其他部分代码无须调整。

7.2.2　使用 LSTM 和 GRU

只需要简单地用 nn.LSTM 和 nn.GRU 替换 nn.RNN 就可以了，因为他们的参数和用法基本一致，如更换成 LSTM 的代码如下。

```
import torch.nn as nn
class RNN(nn.Module):
    def __init__(self, word_count, embedding_size, hidden_size, output_size):
        super(RNN, self).__init__()
        self.hidden_size = hidden_size
        self.embedding = torch.nn.Embedding(word_count, embedding_size)
        self.rnn = nn.LSTM(embedding_size, hidden_size, num_layers=1, bidirectional=False,
batch_first=True)
        self.cls = nn.Linear(hidden_size, output_size)
        self.softmax = nn.LogSoftmax(dim=0)

    def forward(self, input_tensor):
        word_vector = self.embedding(input_tensor)
        output = self.rnn(word_vector)[0][0][len(input_tensor)-1]
        output = self.cls(output)
```

```
output = self.softmax(output)
return output
```

7.2.3 双向 RNN 和多层 RNN

双向 RNN 就是两个不同方向的 RNN 叠加在一起，这样的模型可以同时结合上下文的信息。而多层 RNN 则是使用多个 RNN 叠加起来，第一层的输入是原始输入，第二层则以第一次的输出为输入。多层 RNN 示意图如图 7.8 所示。

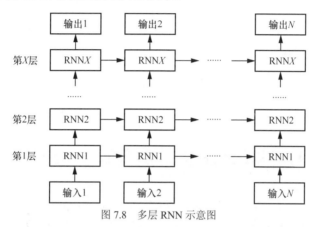

图 7.8 多层 RNN 示意图

使用双向 RNN 只需要把 nn.RNN 或 nn.LSTM 或 nn.GRU 的 bidirectional 参数设为 True 即可。而修改参数 num_layers 可以指定 RNN 的层数。

注意： 这里所说的 RNN 包括原始 RNN、LSTM 和 GRU，因为 LSTM 和 GRU 都是原始 RNN 的改进版本，它们都可以构造双向或多层模型。

7.3 RNN 可以完成的任务

RNN 模型可以用于处理包含不定长度的输入或不定长度的输出的任务。

7.3.1 输入不定长，输出与输入长度相同

这就是第 7.1 节中介绍的 RNN 最基本的使用方法。因为对于输入序列的每个元素，RNN 都会给出一个模型输出和隐藏层输出。把每个元素的输出合起来就是一个与输入数据长度相等的输出序列。

自然语言处理中的文本标记任务可以这样实现。如之前提到过的中文分词任务可以看成文本标记任务，即模型要给句子中每个词一个标签，比如词语开头、词语结尾或者词语中间的字，

以及词性标注、文档关键词标记、语言错误标记等。

7.3.2　输入不定长，输出定长

第 5 章的序列分类问题就是此类任务。输入是长度不固定的句子，如帖子标题，输出则是一个选择，即多个类别中的一个。

第 9 章将要介绍的 Seq2seq 中的编码器也是此类任务，该任务中接受一个序列输入，得到一个定长向量，该向量包含整个输入序列的信息。

7.3.3　输入定长，输出不定长

例如生成任务，输入一个定长的内容，模型给出一个自动生成的序列，如 Seq2seq 的编码器就是以定长向量为输入，生成不定长的序列输出。

7.4　实践：使用 PyTorch 自带的 RNN 完成帖子分类

本节将使用 PyTorch 自带的 RNN 模型实现第 5 章的帖子标题分类任务。第 5 章使用两个 Linear 层实现了原始 RNN 网络，这里仅需要一行代码即可定义 RNN。

7.4.1　载入数据

载入数据的代码与第 5 章的相同，都是从之前通过爬虫抓取并保存为 txt 格式的数据中载入帖子标题。

```
# 定义两个列表分别存放两个板块的帖子数据
academy_titles = []
job_titles = []
with open('academy_titles.txt', encoding='utf8') as f:
    for l in f:  # 按行读取文件
        academy_titles.append(l.strip( ))  # strip 方法用于去掉行尾空格
with open('job_titles.txt', encoding='utf8') as f:
    for l in f:  # 按行读取文件
        job_titles.append(l.strip())  # strip 方法用于去掉行尾空格
```

仍然统计数据中出现的所有字符，并给字符编号，额外添加一个编号对应特殊字符<unk>，即未知字符。

```
char_set = set()
for title in academy_titles:
    for ch in title:
        char_set.add(ch)
for title in job_titles:
```

```
    for ch in title:
        char_set.add(ch)
print(len(char_set))
char_list = list(char_set)
n_chars = len(char_list) + 1
```

定义字符到 ID 的转换函数，通过 try-except 语句在遇到不存在的字符时把结果设为<unk>
的 ID，即 n_chars − 1，因为 ID 从 0 开始。

```
import torch

def title_to_tensor(title):
    tensor = torch.zeros(len(title), dtype=torch.long)
    for li, ch in enumerate(title):
        try:
            ind = char_list.index(ch)
        except ValueError:  # 不存在的字符就使用 <unk> 代表
            ind = n_chars - 1
        tensor[li] = ind
    return tensor
```

7.4.2　定义模型

使用第 7.2.1 小节中定义的 RNN 二分类模型。该模型中使用 nn.RNN(embedding_size,
hidden_size, num_layers=1, bidirectional=False, batch_first=True)通过 PyTorch 内置的 RNN 实现
了 RNN 层。另外还包含一个 Embedding 层，用于把字符 ID 映射为定长向量，Linear 层用于
把 RNN 输出转换为二分类结果。

```
import torch.nn as nn
class RNN(nn.Module):
    def __init__(self, word_count, embedding_size, hidden_size, output_size):
        super(RNN, self).__init__()
        self.hidden_size = hidden_size
        self.embedding = torch.nn.Embedding(word_count, embedding_size)
        self.rnn = nn.RNN(embedding_size, hidden_size, num_layers=1, bidirectional=False,
batch_first=True)
        self.cls = nn.Linear(hidden_size, output_size)
        self.softmax = nn.LogSoftmax(dim=0)

    def forward(self, input_tensor):
        word_vector = self.embedding(input_tensor)
        output = self.rnn(word_vector)[0][0][len(input_tensor)-1]
        output = self.cls(output)
        output = self.softmax(output)
        return output
```

7.4.3　训练模型

定义执行 RNN 的函数 run_rnn 时，函数参数是模型对象和输入向量，返回的是模型运行

的结果。这里的 run_rnn 函数比第 5 章的更简洁,因为无须再通过循环获取 RNN 输出结果。

```
def run_rnn(rnn, input_tensor):
    output = rnn(input_tensor.unsqueeze(dim=0))
    return output
```

定义模型的训练函数 train 和评估函数 evaluate,train 函数接收模型对象、损失函数对象、输入向量、结果向量并返回模型输出和模型损失。evaluate 函数接收模型对象和输入向量并返回模型运行结果。

```
def train(rnn, criterion, input_tensor, category_tensor):
    rnn.zero_grad()
    output = run_rnn(rnn, input_tensor)
    loss = criterion(output.unsqueeze(dim=0), category_tensor)
    loss.backward()
    # 根据梯度更新模型的参数
    for p in rnn.parameters():
        p.data.add_(p.grad.data, alpha=-learning_rate)
    return output, loss.item()
def evaluate(rnn, input_tensor):
    with torch.no_grad():
        output = run_rnn(rnn, input_tensor)
        return output
```

构建数据集,给两个文件的内容添加标签并将它们放入一个列表,打乱顺序后,按照比例切分为训练集和测试集。

```
all_data = []
categories = ["考研考博", "招聘信息"]

for l in academy_titles:
    all_data.append((title_to_tensor(l), torch.tensor([0], dtype=torch.long)))
for l in job_titles:
    all_data.append((title_to_tensor(l), torch.tensor([1], dtype=torch.long)))

import random
random.shuffle(all_data)
data_len = len(all_data)
split_ratio = 0.7
train_data = all_data[:int(data_len*split_ratio)]
test_data = all_data[int(data_len*split_ratio):]
print("Train data size: ", len(train_data))
print("Test data size: ", len(test_data))
```

训练模型的代码如下。

```
from tqdm import tqdm
epoch = 1
embedding_size = 200
n_hidden = 10
n_categories = 2
```

```
learning_rate = 0.005
rnn = RNN(n_chars, embedding_size, n_hidden, n_categories)
criterion = nn.NLLLoss()
loss_sum = 0
all_losses = []
plot_every = 100
for e in range(epoch):
    for ind, (title_tensor, label) in enumerate(tqdm(train_data)):
        output, loss = train(rnn, criterion, title_tensor, label)
        loss_sum += loss
        if ind % plot_every == 0:
            all_losses.append(loss_sum / plot_every)
            loss_sum = 0
    c = 0
    for title, category in tqdm(test_data):
        output = evaluate(rnn, title)
        topn, topi = output.topk(1)
        if topi.item() == category[0].item():
            c += 1
    print('accuracy', c / len(test_data))
```

7.5 小结

  RNN 是自然语言处理领域最重要的模型之一，因为它可以灵活处理不定长的输入或输出。第 9 章将介绍的 Seq2seq 也可以使用 RNN 实现，并且最初的版本就是使用 RNN 实现的。

  RNN 以及它的一些变体可以很好地解决自然语言处理中的绝大多数问题。

第 8 章　词嵌入

第 6 章介绍了分词问题,但是要使用计算机处理词语,还需要用统一的符号表示每个词语。词嵌入就是用向量表示词的方法。本章将介绍多种表示词的方法,并说明如何在 PyTorch 中使用词嵌入。

本章主要涉及的知识点如下。

- ❑　词嵌入的概念:为什么要使用词嵌入,如何实现词嵌入。
- ❑　One-Hot 表示法:最容易实现的词表示法之一。
- ❑　Word2vec:2013 年出现的词嵌入,包含两种基本训练方法。
- ❑　GloVe:2014 年出现的词嵌入,能够更好地利用全局信息。

8.1　概述

词表示是自然语言处理的基础,不仅会影响算法的效率,还会影响算法的效果。

8.1.1　词表示

自然语言处理中的词表示即用计算机能处理的方式表示自然语言中的词。

最简单的词表示方法之一就是给词编号。假如能够列出可能遇到的所有词,然后从 1 开始,给每个词指定一个编号,这样就能够完成简单的词表示。例如一个词表中共有 10 个词,按照拼音首字母排序如下。

爱好	1
保护	2
处理	3
实践	4
学术	5
学习	6

语言	7	
在	8	
中	9	
自然	10	

那么"在实践中学习自然语言处理"这句话分词后变成"在""实践""中""学习""自然""语言""处理"。

使用上文提到的编号表示就是：8，4，9，5，10，7，2。就是对切分出来的每一个词都去词表里查询，并转换成对应的数字。实际上计算机的文字处理系统就是这样做的，例如 ASCII 或者 Unicode 等编码系统，就是每个字符对应一个唯一的数字（这里不同的是一个词语对应一个数字）。

但是在使用机器学习算法进行自然语言处理的时候，我们希望能用定长的向量作为输入，所以我们把数字编号转换成向量。这里最简单的方法之一就是 One-Hot 表示法。One-Hot 表示法就是使用与词表长度相等的向量，如上面提到的有 10 个词语的词表，就使用长度为 10 的向量。向量中的元素都是 0 或 1。每个词的向量只有它编号对应的位是 1，其余位都是 0。对于刚才的词表，对应的向量如下。

爱好	1	[1, 0, 0, 0, 0, 0, 0, 0, 0, 0]
保护	2	[0, 1, 0, 0, 0, 0, 0, 0, 0, 0]
处理	3	[0, 0, 1, 0, 0, 0, 0, 0, 0, 0]
实践	4	[0, 0, 0, 1, 0, 0, 0, 0, 0, 0]
学术	5	[0, 0, 0, 0, 1, 0, 0, 0, 0, 0]
学习	6	[0, 0, 0, 0, 0, 1, 0, 0, 0, 0]
语言	7	[0, 0, 0, 0, 0, 0, 1, 0, 0, 0]
在	8	[0, 0, 0, 0, 0, 0, 0, 1, 0, 0]
中	9	[0, 0, 0, 0, 0, 0, 0, 0, 1, 0]
自然	10	[0, 0, 0, 0, 0, 0, 0, 0, 0, 1]

这样的表示简单明了，但是有两个问题：

（1）向量维度可能很高，因为自然语言中的词汇量可能非常大，例如中文中常用字有几千个，常用词上万个，其他语言也类似。当词表很大时，One-Hot 表示法使用的向量长度很大，计算时不仅会消耗很多内存，计算量也大。

（2）词向量无法反映词之间的关系，自然语言的词汇之间存在一定的关系。例如同义词，"大海"和"海洋"两个词的词义是接近的，而它们与"沙漠"这个词的含义差别相对很大。我们希望对应的词向量也有某种特征能反映出这种关系，比如向量间的夹角，"海洋"和"大海"的词向量间夹角可能应该小，而"沙漠"与它们的词向量间夹角更大。

后来出现了词嵌入方法。词嵌入方法以一个长度较小的向量表示词，向量中每个数字都是浮点数。具体的数值通过某种算法计算出来，并可以在某种程度上体现词语之间的语义关系。词嵌入对 One-Hot 表示法实现了维度的压缩和词语间关系的表示。

注意：我们无法表示词表里没有的词，实际使用中可以使用随机向量表示词表里没有的词，也可以定义一个特殊向量用来表示未知词。

8.1.2　PyTorch 中的词嵌入

Pytorch 中有 torch.nn.Embedding 类实现词嵌入功能，可以把词的 ID 转换为向量。用以下代码定义一个 Embedding 层。

```
import torch
embedding = torch.nn.Embedding(num_embeddings=1000, embedding_dim=5)
```

参数 num_embeddings 指词表中一共有多少个词，embedding_dim 指词向量的维度。上面的代码定义了一个有 1000 个词，每个词用长度为 5 的向量表示的词嵌入。

尝试使用刚刚定义的 Embedding 层把词语从编号转换为向量。

```
sentences = torch.tensor([1,2,3,99])      # 这里定义了一个张量，代表一句包含 4 个词的话
print(embedding(sentences))               # 输出这句话经过 embedding 之后得到的张量
print(embedding(sentences).shape)         # 输出经过 embedding 之后的得到的张量的维度
```

首先定义一个张量代表一句话，这句话有 4 个词，分别是词表中编号为 1 的词、词表中编号为 2 的词、词表中编号为 3 的词和词表中编号为 99 的词。经过 Embedding 层以后，每个词被转换成了一个长度为 5 的向量，所以输出的张量的维度是 $(4, 5)$，即 4 个词向量，每个词向量的长度是 5。上面代码的输出如下。

```
tensor([[ 4.4311e-01, -1.1994e+00,  4.4145e-01, -1.1538e+00,  4.1559e-01],
    [-4.5813e-01, -9.4146e-01,  1.7419e+00,  9.8050e-02, -1.5754e+00],
    [-2.6274e-01, -5.0031e-01, -1.2622e+00,  5.7970e-01, -9.3780e-04],
    [-1.1569e+00, -1.9376e+00,  3.6645e-01, -1.7575e+00, -4.0849e-01]],
   grad_fn=<EmbeddingBackward>)
torch.Size([4, 5])
```

注意：torch.nn.Embedding 对象会自动使用随机值进行初始化。

8.2　Word2vec

Word2vec 即 word to vector，顾名思义，就是把词转换成向量，该方法在 2013 年由谷歌公司提出并实现。该方法使在深度学习中使用很大的词表成为可能。

8.2.1　Word2vec 简介

Word2vec 可以解决 One-Hot 表示法的词向量维度高且无法体现词语意义的问题，也就是

说 One-Hot 表示法的 0 和 1 是无规律的，而 Word2vec 产生的词向量能体现词语间的关系。2013 年 Tomas Mikolov 等人在论文 *Efficient Estimation of Word Representations in Vector Space* 中提出了该方法，同年 Google 公司发布了该方法的 C 语言实现。

该方法有以下特点：第一，算法效率高，可以在百万数量级的词典和上亿规模的数据上训练；第二，得到的词向量可以较好地反映词间的语义关系。Word2vec 提出两种基本模型：CBOW（连续词袋模型）、SG（跳词模型）。

笼统地说，Word2vec 的原理是根据词语上下文来提取一个词的语义，在统计上，词义相同的词的上下文也应该比较类似。例如"猫"和"狗"都是人类的宠物，可能会和"喂""可爱""粘人""铲屎官"之类的词一起出现，通过这样的规律，我们可以得出"猫"和"狗"这两个词的相似性。

8.2.2 CBOW

CBOW 即 Continuous Bag-of-Words，是通过一个词的上下文来预测这个词的语义。假设词表中共有 V 个词语（这里设为 6），隐藏层输出为 N 维，隐藏层的维度同时也是词嵌入的维度，即生成的词向量的长度，每个词向量的长度是 N，CBOW 模型的示意图如图 8.1 所示。

输入的词向量会有多个，不一定是图 8.1 中所画的 3 个；输出是一个长度等于词表大小的向量，每个元素的值表示预测结果是这个词的概率。通过训练这个模型可以得到隐藏层和输出层的权重。

Word2vec 生成的词向量实际上就是隐藏层的输出。具体看隐藏层的结构，仍延续上面的假设 $V = 6$（也就是说词表中有 6 个词），并进一步设隐藏层输出长度 $N = 3$，那么隐藏层的参数示意图如图 8.2 所示（具体参数没有意义，仅作为一个例子）。

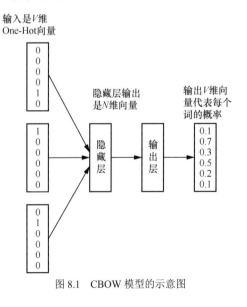

图 8.1 CBOW 模型的示意图

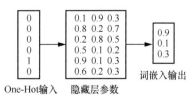

图 8.2 隐藏层的参数示意图

可以看到输入为一个 One-Hot 词向量，长度是 6（即词表长度），经过隐藏层后长度变为 3（即隐藏层输出长度），而且从原来的 0、1 取值变为了浮点数取值。中间的二维矩阵就是隐藏层的参数，输入经过隐藏层实际上可以看作输入的向量与隐藏层参数相乘。

8.2.3　SG

SG 即 Skip-Gram，是通过一个词语来预测上下文词语。SG 模型的方法与 CBOW 模型的刚好相反，其模型示意图如图 8.3 所示。

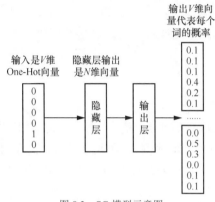

图 8.3　SG 模型示意图

8.2.4　在 PyTorch 中使用 Word2vec

可以使用 PyTorch 实现 Word2vec 的两种模型并训练词向量。事实上，Word2vec 也有很多开源的实现，有 Google 公司公布的 C 语言版本，也有其他人或机构开发的版本，其中包括不少 PyTorch 的实现。但实际上我们一般不会直接使用这个模型，而只是把词嵌入作为词表示的方法，并根据实际情况使用不同的模型。一般来说，直接把预训练权重加载到 PyTorch 的 Embedding 层就可以了。

获取预训练权重有以下两种方式。

（1）下载并使用别人训练的权重，加载到自己的模型中。

（2）使用自定义语料做预训练，并在模型中加载预训练权重。

使用别人训练好的权重的好处是可以找到一些使用大规模语料训练的权重，例如腾讯 AI 实验室发布的中文词嵌入的预训练权重：https://ai.tencent.com/ailab/nlp/zh/embedding.html。其词表有超过 800 万词，每个词向量维度为 200。

如果要使用预训练词向量，首先要下载词表和权重，然后把词向量载入 tensor 中，再通过 torch.nn.Embedding 对象的 from_pretrained 方法载入权重。假设下载好的词汇文件名为 vocab.txt，权重文件名为 vectors.txt。

首先载入词表。

```
word2id = {}   # 用于把词语转换为编号
id2word = []   # 用于把编号转换为词语
with open('vocab.txt') as f:
for cur_id, word in enumerate(f): # 逐行遍历词表文件，word 是当前词，cur_id 是词语的编号
    word = word.strip()    # 去除行尾换行符
    word2id[word] = cur_id
    id2word.append(word)
```

这里的 word2id 是一个 dict 对象，可以实现把词汇转换为 ID，也就是词汇在词表中的编号，编号是从 0 开始到 n–1（n 就是词表中词语总数）的连续的正整数。id2word 是列表对象，作用与列表正好相反，是把编号转换为词语。

训练大规模语料是比较困难的，因为需要获取足够多的语料，调整模型参数，并投入计算资源和时间做训练。

虽然有多种预训练权重的版本能尽可能地满足我们的需求，但是有时候还是需要自己训练权重。如在某些比赛中，只给出处理过的数据和进行过相同预处理的语料，此时就不可能使用公开的预训练权重；或者在某些特定的场景下，我们希望使用这个场景下真实的语料训练权重，以达到更好的效果。

一般可以使用开源工具处理我们自己的语料，得到权重，然后载入模型中。

8.3 GloVe

全局词向量表示（Global Vectors for Word Representation，GloVe）是 2014 年 Jeffrey Pennington 等人提出的，该方法的优点是可以基于全局词汇共现统计信息学习词向量。

8.3.1 GloVe 的原理

GloVe 和 Word2vec 都可以根据词语的上下文得到词向量，但是原理不同。Word2vec 是通过上下文预测一个单词，或根据一个单词预测上下文；GloVe 则是通过"共现矩阵"计算词向量。

8.3.2 在 PyTorch 中使用 GloVe 预训练词向量

GloVe 官网提供了用英文维基百科和 Gigaword 语料库训练的权重，训练使用的语料长度有 60 亿 token，40 万词，提供 50 维、100 维、200 维、300 维 4 个版本。还有使用 Twitter 数据训练的权重，语料规模为 270 亿 token，120 万词，提供 25 维、50 维、100 维、200 维 4 个版本。

具体的使用方法也包括下载词表文件和词向量文件，使用方法与 Word2vec 的相同。

如果希望使用自定义语料训练 GloVe 词向量，可以下载官方代码并编译安装 GloVe。具体步骤如下。

```
$ git clone http://github.com/stanfordnlp/glove
$ cd glove && make
```

编译后将在 build 文件夹里得到 4 个可执行文件，分别是 vocab_count、cooccur、shuffle 和 glove。

需要准备原始语料。语料需要使用空格分词，一个文件中的多个语料用换行符分割。

一个实例的代码如下。

```
./vocab_count -min-count 5 -verbose2 < input.txt > vocab.txt
./cooccur -memory 4 -vocab-file vocab.txt -verbose 2 -window-size 15 < input.txt > cooccurrence.bin
./shuffle -memory 4 -verbose 2 < cooccurrence.bin > cooccurrence.shuf.bin
./glove -save-file vectors -threads 6 -input-file cooccurrence.shuf.bin -x-max 10 -iter 10 -vector-size 50 -binary 2 -vocab-file vocab.txt -verbose 2
```

该例子中依次使用上述 4 个可执行文件，通过一个输入文件 input.txt 最终得到词表文件 vocab.txt 和词向量文件 vectors.txt。

8.4　实践：使用预训练词向量完成帖子标题分类

本节将在第 6 章分词的基础上加载预训练的词向量，并展示两种可能的使用方法：不使用模型 Embedding 层，直接采用预训练词向量；把词向量加载到 Embedding 层中。

8.4.1　获取预训练词向量

这里选择腾讯 AI 实验室的中文词向量，之前提到过。文件大小为 6.3GB，解压后得到的词向量文件 Tencent_AILab_ChineseEmbedding.txt 超过 15GB。

8.4.2　加载词向量

本章仅说明词向量的使用方法，没有使用全部的词向量。我们先使用第 6 章的方法对数据进行分词，并统计出现的所有词语，然后遍历词向量文件，仅把出现过的词向量加载到内存。

该词向量中所有英文字母都是小写，在统计词的时候需要把数据中的字母都转换为小写，才能正确匹配，所以统计的代码需要修改如下。

```
word_set = set()
for title in academy_titles:
```

```
    for word in title:
        word_set.add(word.lower())   # 转为小写后加入集合中
for title in job_titles:
    for word in title:
        word_set.add(word.lower())
print(len(word_set))
```

遍历词向量文件，并把出现过的词向量加载到内存。

```
from tqdm import tqdm
f = open('Tencent_AILab_ChineseEmbedding.txt', encoding='utf8') # 打开词向量文件
word2v = {}
wl = []
for l in tqdm(f):
    l = l.strip().split(' ')   # 去除行尾按 Enter 键后再 split
    wl.append(l[0])
    if l[0] in word_set:
        word2v[l[0]] = list(map(float, l[1:]))
```

因为词向量文件较大，这里使用 tqdm 函数显示进度，该文件包含约 800 万个词，在作者的计算机上耗时 3 到 5 分钟遍历词向量文件。得到的词向量有 3924 个，比我们切分出的词的数量少 161 个，也就是说这些词没有对应的词向量。

统计后发现缺少词向量的词多是一些机构名、符号或者无意义的文字，这是因为原始数据没有被较好地清洗，另一方面是分词时没有参考词向量的词表。一些典型的无词向量的词语如下。

```
'omnet', '央企校', '超推客', '怡安翰', '高德校', '投邀', '爱云校', '最幕', '思塾',
'atee', 'shantie', '有意者', '社招校', '〜', '强央企', '创鑫者', '肆阅', '郭桃梅', '部牛海晶',
'届秋招'
```

可以看到最主要的问题是分词的错误，还有少量未收录词和特殊符号。简单起见，这里可以干脆地忽略这些词汇。

8.4.3　方法一：直接使用预训练词向量

首先定义从标题获取 tensor 的函数如下。这里对不在词表中的词直接忽略，或者可以使用未知词的记号表示这些词。

```
import torch

def title_to_tensor(title):
    words_vectors = []
    for word in title:
        if word in word2v:
            words_vectors.append(word2v[word])
    tensor = torch.tensor(words_vectors, dtype=torch.float)
    return tensor
```

返回值就是"标题长度×词嵌入维度"的张量，不需要模型中的 Embedding 层，所以再修改模型代码如下。

```
import torch.nn as nn

class RNN(nn.Module):
    def __init__(self, embedding_size, hidden_size, output_size):
        super(RNN, self).__init__()
        self.hidden_size = hidden_size
        self.i2h = nn.Linear(embedding_size + hidden_size, hidden_size)
        self.i2o = nn.Linear(embedding_size + hidden_size, output_size)
        self.softmax = nn.LogSoftmax(dim=1)

    def forward(self, input_tensor, hidden):
        word_vector = input_tensor
        combined = torch.cat((word_vector, hidden), 1)
        hidden = self.i2h(combined)
        output = self.i2o(combined)
        output = self.softmax(output)
        return output, hidden

    def initHidden(self):
        return torch.zeros(1, self.hidden_size)
```

这样每个词的向量都是始终不变的。好处是模型很简单，坏处是无法在训练中根据具体训练数据调整每个词的向量。

8.4.4　方法二：在 Embedding 层中载入预训练词向量

采用本方法，直到获取 word2vec 词表都与方法一完全相同，这里不再重复介绍。不同的是这里需要构建 word_list，且需要先从标题生成包含标题 ID 的张量，而不是直接通过 word2vec 生成词向量，代码如下。

```
word_list = list(word2v.keys())
n_chars = len(word_list)
import torch

def title_to_tensor(title):
    tensor = torch.zeros(len(title), dtype=torch.long)
    for li, word in enumerate(title):
        try:
            ind = word_list.index(word)
        except ValueError:
            ind = n_chars - 1
        tensor[li] = ind
    return tensor
```

模型定义可参考第 5 章。

```
import torch.nn as nn

class RNN(nn.Module):
```

```
def __init__(self, word_count, embedding_size, hidden_size, output_size):
    super(RNN, self).__init__()

    self.hidden_size = hidden_size
    self.embedding = torch.nn.Embedding(word_count, embedding_size)
    self.i2h = nn.Linear(embedding_size + hidden_size, hidden_size)
    self.i2o = nn.Linear(embedding_size + hidden_size, output_size)
    self.softmax = nn.LogSoftmax(dim=1)

def forward(self, input_tensor, hidden):
    word_vector = self.embedding(input_tensor)
    combined = torch.cat((word_vector, hidden), 1)
    hidden = self.i2h(combined)
    output = self.i2o(combined)
    output = self.softmax(output)
    return output, hidden

def initHidden(self):
    return torch.zeros(1, self.hidden_size)
```

然后使用词向量初始化 Embedding 层，首先把所有词的向量按顺序取出，并构造一个 Numpy 数组。

```
import numpy as np
weight = []
for l in word_list:
    weight.append(word2v[word])
pretrained_weight = np.array(weight)
```

再定义模型，从 Numpy 数组加载权重。

```
embedding_size = 200
n_hidden = 10
n_categories = 2
learning_rate = 0.005
rnn = RNN(n_chars, embedding_size, n_hidden, n_categories)
rnn.embedding.weight.data.copy_(torch.from_numpy(pretrained_weight))
```

8.5 小结

使用词向量并在训练过程中根据实际数据对词嵌入进行调整是实际中常用的方法。因为实际训练数据中包含更多与任务相关的信息，但是实际数据数量往往较少，可能不足以提供词之间关系的完整的信息，所以使用预训练数据初始化 Embedding 层并使用训练数据继续训练是较好的方法。

但是本章使用的例子并不能很好地体现这一点，这是因为我们选取的任务十分简单，模型并不需要很多词间关系的信息，而是仅仅根据哪些词跟招聘关系更大、哪些词跟考研关系更大来得到很好的效果。

第 9 章　Seq2seq

Seq2seq 是一类输入和输出都是序列的模型，最初用于处理机器翻译任务，特点是模型的输入和输出长度可以不一致。

本章主要涉及的知识点如下。

- ❑　Seq2seq 要解决的问题。
- ❑　Seq2seq 的原理和结构。
- ❑　使用 PyTorch 实现 Seq2seq。

9.1　概述

本节介绍 Seq2seq 提出的背景和其主要原理。

9.1.1　背景

深度神经网络可以在有充足训练数据的情况下取得良好效果，但是初期的深度学习模型不能处理输入和输出都是不定长度序列的问题。例如机器翻译，一句话从一种语言翻译成另一种语言的时候，句子的长度可能会有变化，而且不同语言的字、词可能不是一一对应的，词语的顺序和关系也未必相同。

第 7 章介绍的 RNN 可以处理不定长度的输入或不定长度的输出。Seq2seq 则使用两个 RNN，第一个 RNN 用于处理不定长度的输入，并生成一个定长向量，第二个 RNN 则根据第一个 RNN 输出的向量生成不定长度的序列输出。

早在 2013 年，论文 *Generating Sequences With Recurrent Neural Networks* 就提出可以仅通过一个向量生成长的序列。同年的另一篇论文 *Recurrent Continuous Translation Models* 在机器翻译问题中首次把全部输入映射为一个向量。

论文 *Learning Phrase Representations using RNN Encoder-Decoder for Statistical Machine Translation* 提出了 Encoder-Decoder（编码器-解码器）的结构，论文 *Sequence to Sequence Learning with Neural Networks* 提出了 Seq2seq。

9.1.2 模型结构

Seq2seq 是用于处理输入和输出都是不定长度序列的问题的通用模型。Seq2seq 由两个 RNN 组成，第一个 RNN 称为编码器，第二个 RNN 称为解码器。第一个 RNN 处理输入序列后得到一个固定长度的输出，也就是序列最后一个元素对应的输出。

解码器以编码器的输出为输入，不同的是解码器的第一个输入是编码器的输出，后续输入则是自身的前一个输出，即第二个输入是上一次的输出。这样模型可以一直运行下去，所以会定义一个终止记号，如果模型的输出是这个终止记号，模型就停止运行，且舍弃这个终止记号。Seq2seq 模型示意图如图 9.1 所示。

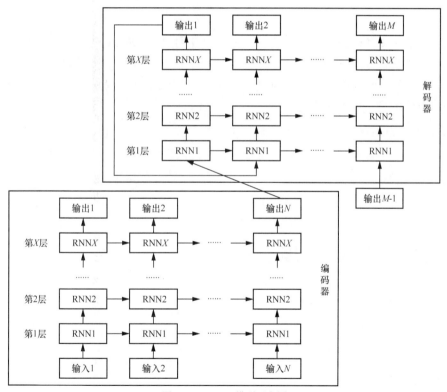

图 9.1 Seq2seq 模型示意图

Seq2seq 模型中的 RNN 一般可以使用 LSTM 或 GRU，且一般有多层。图 9.1 中展示的模型的编码器和解码器都有 X 层 RNN，输入序列的长度为 N，输出序列的长度为 M，其中最后一个输出为终止记号。

实际使用中对于解码器 RNN 的输入还有其他不同的用法，例如所有输入都使用编码器的输出（即图 9.1 中的编码器输出 N）。

9.1.3　训练技巧

Teacher Forcing 是在训练中常用的方法。如果使用图 9.1 中的编码器，可能出现误差累积问题，即如果前面的单元出现了误差，这个误差会随着输出影响下一个单元，可能导致误差越来越大。Teacher Forcing 方法则在训练阶段运行，使用实际要预测的数据作为解码器输入。

例如训练一个英译中模型，训练集中有数据的输入为 "How are you"，输出为 "你好吗"。先用编码器对输入 "How are you" 编码，解码器的第一个输入是开始标记，第二个输入不再使用第一个输出，而是使用第一个训练数据，即标准答案—— "你"。

但是该方法只能在训练中使用，因为预测时并没有标准答案。

9.1.4　预测技巧

预测中不能使用 Teacher Forcing 方法，但可以使用 Beam Search 方法改善预测效果。假设从英语翻译到中文，如果编码器是字级别的，即每次预测一个字，且模型中一共定义了 1000 个字，那编码器每次输出的是一个 1000 维的向量，我们找到这个向量中 1000 个元素的值里最大的一个，对应的字符就是模型输出的字。

这样做的问题同样在于模型后面的输出都是依赖当前的输出，虽然这个字对应的元素的值在当前的值中是最大的，但是实际上可能导致下文出问题，所以这种做法得到的结果未必是全局最优。Beam Search 方法就是通过遍历可能的字符组合，找出更优的预测。

使用 Beam Search 方法可能产生较大的计算量，所以一般不会搜索全部可能的字符组合。

9.2　使用 PyTorch 实现 Seq2seq[1]

本节介绍使用 PyTorch 实现 Seq2seq，将使用 PyTorch 内置的 LSTM 分别实现编码器、解码器、Seq2seq，以及 Teacher Forcing 方法和 Beam Search 方法。这里编码器和解码器都使用 RNN，但实际上还可以使用其他模型作编码器和解码器。

9.2.1　编码器

编码器用于处理输入序列，并输出一个向量（或者输出与输入序列长度相等的向量序列）。

---

[1] 本节代码参考开源项目 PyTorch-Seq2seq。

编码器的主体是 RNN，一般会使用 LSTM 或 GRU。编码器的一种实现方法如下。

```
import torch.nn as nn

class Encoder(nn.Module):
    def __init__(self, input_dim, emb_dim, hid_dim, n_layers, dropout):
        super().__init__()
        self.hid_dim = hid_dim
        self.n_layers = n_layers
        self.embedding = nn.Embedding(input_dim, emb_dim)
        self.rnn = nn.LSTM(emb_dim, hid_dim, n_layers, dropout = dropout)
        self.dropout = nn.Dropout(dropout)

    def forward(self, src):
        # src 是 n×b 的张量，n 是序列长度，b 是 batch size，每个位置都是一个 ID
        # embedding 之后输入维度 m 变为 embedding_dim
        embedded = self.dropout(self.embedding(src))
        outputs, (hidden, cell) = self.rnn(embedded) # 输入通过 RNN
        return hidden, cell
```

参数有输入维度、Embedding 层维度、隐藏层维度、RNN 层数和 dropout 比例。在英译中模型中，输入维度就是源语言（即英语）的词表长度；Embedding 层维度表示词通过 Embedding 层转换为多少维的向量；隐藏层维度指 RNN 的隐藏层维度；RNN 层数就是 RNN 堆叠的层数，多层 RNN 在第 7 章介绍过，使用多层 RNN 可以改善模型效果；dropout 层则用来随机舍弃参数，用于防止过拟合，dropout 比例指每次随机舍弃的比例。

9.2.2 解码器

解码器接收编码器的输出后，负责产生输出的序列。解码器可以产生不定长度的序列，每次生成一个词，直到遇到终止符号。

```
class Decoder(nn.Module):
    def __init__(self, output_dim, emb_dim, hid_dim, n_layers, dropout):
        super().__init__()
        self.output_dim = output_dim
        self.hid_dim = hid_dim
        self.n_layers = n_layers
        self.embedding = nn.Embedding(output_dim, emb_dim)
        self.rnn = nn.LSTM(emb_dim, hid_dim, n_layers, dropout = dropout)
        self.fc_out = nn.Linear(hid_dim, output_dim)
        self.dropout = nn.Dropout(dropout)

    def forward(self, input, hidden, cell):
        # input 维度为 batch_size
        # hidden 维度为 RNN 层数 × batch size × 隐藏层维度
        # cell 维度为 RNN 层数 × batch size × 隐藏层维度
        input = input.unsqueeze(0) # 把 input 的维度变为 1 × batch size
```

```
    # 把 input 的维度变为 1 × batch size× embedding 维度
    embedded = self.dropout(self.embedding(input))

    output, (hidden, cell) = self.rnn(embedded, (hidden, cell))
    prediction = self.fc_out(output.squeeze(0))
    return prediction, hidden, cell
```

与编码器的实现不同，这里定义的 forward 函数每次接收一个输入并输出一个预测，所以在 Seq2seq 中需要多次调用解码器中的 forward 函数以生成输出序列。

9.2.3　Seq2seq

第 9.2.1 和第 9.2.2 小节给出了编码器和解码器的定义，Seq2seq 就是由一个编码器和一个解码器构成的。

在 forward 方法中先使用编码器处理输入序列，得到输出，再把输出传入编码器。在训练任务中，使用编码器生成与目标序列等长的输出后停止；预测任务中无法知道目标序列的长度，直到预测结果为终止符号时结束。

这里我们在输入语言和输出语言中都需要额外定义 3 种记号：<sos>代表句子开始、<eos>代表句子结束（也就是上文提到的终止记号）、<pad>代表填充字符。所有训练数据和预测的输入中的句子传入模型之前都要在句子开头插入<sos>，结尾插入<eos>。解码器的第一个输入就是<sos>，代表句子开始。在预测任务中编码器预测结果如果为<eos>则代表预测的序列结束。

<pad>用于 batch size 大于 1 时填充同一个 batch 中较短的句子。

```
class Seq2seq(nn.Module):
    def __init__(self,
    input_word_count,    # 输入的词汇数量
    output_word_count,   # 输出的词汇数量
    encode_dim,          # 编码器维度
    decode_dim,          # 解码器维度
    hidden_dim,          # 隐藏层维度
    n_layers,            # 层数
    encode_dropout,      # 编码器 dropout 比例
    decode_dropout,      # 解码器 dropout 比例
    device):
        super().__init__()
        self.encoder = Encoder(input_word_count, encode_dim,
                               hidden_dim, n_layers, encode_dropout)
        self.decoder = Decoder(output_word_count, decode_dim,
                               hidden_dim, n_layers, decode_dropout)
        self.device = device

    def forward(self, src, trg):
        #src 的维度是：  输入序列长度 × batch size
```

```
#trg 的维度是: 输出序列长度 × batch size
if trg is not None:  # 训练任务
    batch_size = trg.shape[1]
    trg_len = trg.shape[0]
    trg_vocab_size = self.decoder.output_dim
    outputs = torch.zeros(trg_len, batch_size, trg_vocab_size).to(self.device)
    hidden, cell = self.encoder(src)
    input = trg[0,:] # 第一个元素是开始标记 <sos>
    for t in range(1, trg_len): # 生成与输出序列长度相等的序列
        output, hidden, cell = self.decoder(input, hidden, cell)
        outputs[t] = output
        top1 = output.argmax(1)    # 值最大的一个元素的 ID 作为当前位置的预测
        input = top1
else:  # 预测任务
    batch_size = src.shape[1]
    trg_vocab_size = self.decoder.output_dim
    l = []
    hidden, cell = self.encoder(src)
    input = src[0,:]    # 第一个输入为 <sos>，这里是需要输入和输出的<sos>ID 相同
    while True:    # 预测任务无法预知输出序列长度，所以直到预测值为<eos>才停止
        output, hidden, cell = self.decoder(input, hidden, cell)
        l.append(output)
        top1 = output.argmax(1)
        if top1 == 1:
            return l
        input = top1
return outputs
```

9.2.4　Teacher Forcing

如果要实现 Teacher Forcing，只需要修改 Seq2seq 的 forward 函数即可。具体的修改就是把 input = top1 替换为 input = trg[t]。

```
def forward(self, src, trg):
    #src 的维度是: 输入序列长度 × batch size
    #trg 的维度是: 输出序列长度 × batch size
    if trg is not None:  # 训练任务
        batch_size = trg.shape[1]
        trg_len = trg.shape[0]
        trg_vocab_size = self.decoder.output_dim
        outputs = torch.zeros(trg_len, batch_size, trg_vocab_size).to(self.device)
        hidden, cell = self.encoder(src)
        input = trg[0,:] # 第一个元素是开始标记 <sos>
        for t in range(1, trg_len): # 生成与输出序列长度相等的序列
            output, hidden, cell = self.decoder(input, hidden, cell)
            outputs[t] = output
            top1 = output.argmax(1)    # 值最大的一个元素的 ID 作为当前位置的预测
            input = trg[t]
```

```
    else:  # 预测任务
        batch_size = src.shape[1]
        trg_vocab_size = self.decoder.output_dim
        l = []
        hidden, cell = self.encoder(src)
        input = src[0,:]  # 第一个输入为 <sos>，这里是需要输入和输出的<sos>ID 相同
        while True:  # 预测任务无法预知输出序列长度，所以直到预测值为<eos>才停止
            output, hidden, cell = self.decoder(input, hidden, cell)
            l.append(output)
            top1 = output.argmax(1)
            if top1 == 1:
                return l
            input = top1
    return outputs
```

top1 是模型预测出来的最佳答案，而 trg[t]则是这个位置上的标准答案，这样序列后续的预测使用的都是标准答案，就可以消除累积的误差。

注意：前文提到的预测任务中无法使用 Teacher Forcing，因为预测时无法获取 trg，即标准答案。评估模型效果时可用 trg，但是仍不应该使用 Teacher Forcing，否则将导致数据泄露，无法反映模型真实的效果。

9.2.5　Beam Search

Beam Search 是在预测时避免因为每次只选取当前位置最高分的结果而丢失一些从全局上看得分更高的结果的方法。但是如果搜索全部可能的结果计算量很大，使用 Beam Search 时往往会做出一些限制。

读者可以参考一些开源的 Beam Search 实现。

9.3　实践：使用 Seq2seq 完成机器翻译任务

本节将使用第 9.2 节实现的 Seq2seq 完成一个英译中的机器翻译任务,使用真实数据训练,并在任意的输入上查看模型的效果。

9.3.1　数据集

本小节将使用 IWSLT 2015 数据集，该数据集发布在 Web Inventory of Transcribed and Translated Talks 网站，提供一些 TED（Technology, Entertainment, Design，技术、娱乐、设计）演讲的多种语言和英语之间的翻译。在这里可以免费下载多种语言和英语之间的翻译数据集。图 9.2 所示是该数据集支持的语言，格子中的数据说明有相应语言的翻译语料。

	捷克 cs	德 de	英 en	法 fr	泰 th	越 vl	中 zh
捷克cs			1.78				
德语de			3.36				
英语en	1.47	3.12		3.78	1.65	2.92	0.51
法语fr			3.61				
泰国th			1.42				
越南vl			2.24				
中文zh			3.64				

图 9.2 IWSLT 2015 数据集支持的语言

单击最后一行的"3.64"即可下载中译英的数据集，单击最右侧的"0.51"则可以下载英译中的数据集。

9.3.2 数据预处理

下载的数据集是 tgz 压缩包，解压后得到多个文件。以中译英为例（即源语言为中文，目标语言为英文），我们用到的是"train.tags.zh-en.en"文件和"train.tags.zh-en.zh"文件，第一个文件包含了每个演讲的信息以及演讲稿的英文内容，第二个文件则包含了演讲稿的中文内容。

演讲信息包括演讲的网站地址、演讲关键词、演讲人姓名、演讲的 ID、演讲的题目和演讲描述。这些内容都是双语对照的，但是这里为了简便起见，仅仅使用演讲内容，而直接舍弃其他信息。

第一步需要读取这两个文件中的内容并把对应的英语、中文放在一起。实现的代码如下。

```
fen = open('train.tags.zh-en.en', encoding='utf8')
fzh = open('train.tags.zh-en.zh', encoding='utf8')
en_zh = []
while True:
  lz = fzh.readline()   # 读取中文文件中的一行
    le = fen.readline()   # 读取英文文件中的一行
    # 判断是否读完文件
  if not lz:
      assert not le #  如果读完，两个文件的结果都应该是空行
      break
    lz, le = lz.strip(), le.strip()   # 去行尾按 Enter 键空格

    # 分别解析文件的各个部分
  if lz.startswith('<url>'):
    assert le.startswith('<url>')
    lz = fzh.readline()
```

```
        le = fen.readline()
        # 关键词
        assert lz.startswith('<keywords>')
        assert le.startswith('<keywords>')
        lz = fzh.readline()
        le = fen.readline()
        # 演讲人
        assert lz.startswith('<speaker>')
        assert le.startswith('<speaker>')
        lz = fzh.readline()
        le = fen.readline()
        # 演讲 ID
        assert lz.startswith('<talkid>')
        assert le.startswith('<talkid>')
        lz = fzh.readline()
        le = fen.readline()
        # 标题
        assert lz.startswith('<title>')
        assert le.startswith('<title>')
        lz = fzh.readline()
        le = fen.readline()
        # 描述
        assert lz.startswith('<description>')
        assert le.startswith('<description>')
    else:
        if not lz:
            assert not le
            break
        lee = []
        for w in le.split(' '):
            w = w.replace('.', '').replace(',', '').lower()
            if w:
                lee.append(w)
        en_zh.append([lee, list(lz)])
```

注意：对英文的处理与中文有许多区别，按照空格分词后，可以去掉跟单词连着的标点符号，否则带有标点符号和不带标点符号的词就会被区分成不同的词语，还有比较重要的一点是统一单词大小写，这里是把所有单词转换为小写形式。除了这里实现的功能以外还可以处理缩写，比如统一"I'm"和"I am"等。

代码中使用了很多 assert 用于保证两种语言的文件行数一一对应。我们跳过了所有的演讲信息的内容，包括'<keywords>'、'<speaker>'、'<talkid>'、'<title>'、'<description>'。

执行这段代码后，我们已经把两个文件中的正文内容一句一句地读入 en_zh 列表内，该列表的每个元素是长度为 2 的列表，其中的第一个元素是英语句子，第二个元素为对应的中文句子。

之后我们可以再统计全部数据中出现的词的数量，要分开统计英语和中文，且对于英语统计的是单词数量，对于中文统计的是字的数量。代码如下。

```
from tqdm import tqdm
en_words = set()
zh_words = set()
for s in tqdm(en_zh):
    for w in s[0]:
        en_words.add(w)
    for w in s[1]:
        if w:
            zh_words.add(w)
```

这段代码与之前使用的方法一致，把切分出的字或者词放到集合中，而集合中不会有重复元素（即重复元素只保留一个）。

完成对出现的词语的统计后可以继续生成词与 ID 的对应表，建立 ID 和词的唯一映射只需要把集合转换为有顺序的列表即可。但为了方便词到 ID 的转换，可以再生成一个额外的字典。

```
en_wl = ['<sos>', '<eos>', '<pad>'] + list(en_words)
zh_wl = ['<sos>', '<eos>', '<pad>'] + list(zh_words)
pad_id = 2
en2id = {}
zh2id = {}
for i, w in enumerate(en_wl):
    en2id[w] = i
for i, w in enumerate(zh_wl):
    zh2id[w] = i
```

注意：除了把集合转换为列表外，这里在新的列表的开头额外添加了 3 个特殊的"词"：<sos>、<eos>、<pad>。它们的含义在前面已提到过。

9.3.3 构建训练集和测试集

随机划分训练集和数据集，这里使用 80%的数据作为训练集，剩余 20%的数据作为测试集。可以先使用 random.shuffle 打乱全部数据，然后把数据按比例分为 2 份。

```
import random
random.shuffle(en_zh)
dl = len(en_zh)
train_set = en_zh[:int(dl*0.8)]
dev_set = en_zh[int(dl*0.8):]
```

定义 Dataset 类和 collate_fn。因为 PyTorch 中的 RNN 输入默认第一维是长度，第二维是 batch_size，需要在 collate_fn 中处理。设置两个参数 batch_size 和 data_workers。

```
import torch
batch_size = 16
data_workers = 8
```

在 Dataset 中保存数据集，可以按下标返回数据，除数据外还可一并返回数据长度和当前数据下标。

```
class MyDataSet(torch.utils.data.Dataset):
    def __init__(self, examples):
        self.examples = examples

    def __len__(self):
        return len(self.examples)

    def __getitem__(self, index):
        example = self.examples[index]
        s1 = example[0]
        s2 = example[1]
        # 分别获取两个句子长度
        l1 = len(s1)
        l2 = len(s2)
        return s1, l1, s2, l2, index
```

collate_fn 输入样本的个数由参数 batch_size 决定。需要把这些样本组合成一个向量，由于模型使用 RNN，所以需要把 batch_size 放到第二个维度。

```
def the_collate_fn(batch):
    batch_size = len(batch)
    src = [[0]*batch_size]
    tar = [[0]*batch_size]
    src_max_l = 0
    # 求最大长度，用于填充
    for b in batch:
        src_max_l = max(src_max_l, b[1])
    tar_max_l = 0
    for b in batch:
        tar_max_l = max(tar_max_l, b[3])
    for i in range(src_max_l):
        l = []
        for x in batch:
            if i < x[1]:
                l.append(en2id[x[0][i]])
            else:
                l.append(pad_id)
        src.append(l)

    for i in range(tar_max_l):
        l = []
        for x in batch:
            if i < x[3]:
                l.append(zh2id[x[2][i]])
            else:
                # 长度不够时进行填充
                l.append(pad_id)
        tar.append(l)
```

```
    indexs = [b[4] for b in batch]
    src.append([1] * batch_size)
    tar.append([1] * batch_size)
    s1 = torch.LongTensor(src)
    s2 = torch.LongTensor(tar)
    return s1, s2, indexs
```

最后，使用训练集和测试集的列表构建 Dataset 和 DataLoader。

```
train_dataset = MyDataSet(train_set)
train_data_loader = torch.utils.data.DataLoader(
    train_dataset,
    batch_size=batch_size,
    shuffle = True,
    num_workers=data_workers,
    collate_fn=the_collate_fn,
)
dev_dataset = MyDataSet(dev_set)
dev_data_loader = torch.utils.data.DataLoader(
    dev_dataset,
    batch_size=batch_size,
    shuffle = True,
    num_workers=data_workers,
    collate_fn=the_collate_fn,
)
```

9.3.4 定义模型

Seq2seq 由编码器和解码器构成，编码器和解码器都是一个 RNN。这里选择 LSTM 而不是 RNN，可以得到更好的效果。

```
import torch.nn as nn

class Encoder(nn.Module):
    def __init__ (self, input_dim, emb_dim, hid_dim, n_layers, dropout):
        super().__init__ ()
        self.hid_dim = hid_dim
        self.n_layers = n_layers
        self.embedding = nn.Embedding(input_dim, emb_dim)
        self.rnn = nn.LSTM(emb_dim, hid_dim, n_layers, dropout = dropout)
        self.dropout = nn.Dropout(dropout)

    def forward(self, src):
        # src = [src len, batch size]
        embedded = self.dropout(self.embedding(src))
        # embedded = [src len, batch size, emb dim]
        outputs, (hidden, cell) = self.rnn(embedded)
        # outputs = [src len, batch size, hid dim * n directions]
        # hidden = [n layers * n directions, batch size, hid dim]
```

```
    # cell = [n layers * n directions, batch size, hid dim]
    # outputs are always from the top hidden layer
    return hidden, cell
```

解码器代码如下。

```python
class Decoder(nn.Module):
    def __init__ (self, output_dim, emb_dim, hid_dim, n_layers, dropout):
        super().__init__ ()
        self.output_dim = output_dim
        self.hid_dim = hid_dim
        self.n_layers = n_layers
        self.embedding = nn.Embedding(output_dim, emb_dim)
        self.rnn = nn.LSTM(emb_dim, hid_dim, n_layers, dropout = dropout)
        self.fc_out = nn.Linear(hid_dim, output_dim)
        self.dropout = nn.Dropout(dropout)

    def forward(self, input, hidden, cell):
        # input = [batch size]
        # hidden = [n layers * n directions, batch size, hid dim]
        # cell = [n layers * n directions, batch size, hid dim]
        # LSTM 是单向的
        # hidden = [n layers, batch size, hid dim]
        # context = [n layers, batch size, hid dim]
        input = input.unsqueeze(0)
        # input = [1, batch size]
        embedded = self.dropout(self.embedding(input))
        # embedded = [1, batch size, emb dim]
        output, (hidden, cell) = self.rnn(embedded, (hidden, cell))
        # output = [seq len, batch size, hid dim * n directions]
        # hidden = [n layers * n directions, batch size, hid dim]
        # cell = [n layers * n directions, batch size, hid dim]
        # 解码器中的序列长度为 1，而且 LSTM 也是单向的
        # output = [1, batch size, hid dim]
        # hidden = [n layers, batch size, hid dim]
        # cell = [n layers, batch size, hid dim]
        prediction = self.fc_out(output.squeeze(0))
        # prediction = [batch size, output dim]
        return prediction, hidden, cell
```

Seq2seq 的代码如下。

```python
class Seq2seq(nn.Module):
    def __init__ (self,
            input_word_count, output_word_count, encode_dim,
            decode_dim, hidden_dim, n_layers, encode_dropout, decode_dropout, device):
        super().__init__ ()
        self.encoder = Encoder(input_word_count, encode_dim,
                                hidden_dim, n_layers, encode_dropout)
        self.decoder = Decoder(output_word_count, decode_dim,
                                hidden_dim, n_layers, decode_dropout)
```

```
        self.device = device

    def forward(self, src, trg, teacher_forcing_ratio = 0.5):
        # src = [src len, batch size]
        # trg = [trg len, batch size]
        #teacher_forcing_ratio 是使用 Teacher Forcing 的比例
        if trg is not None:
            batch_size = trg.shape[1]
            trg_len = trg.shape[0]
            trg_vocab_size = self.decoder.output_dim
            # 用于存储 Decoder 结果的张量
            outputs = torch.zeros(trg_len, batch_size, trg_vocab_size).to(self.device)
            # 编码器的隐藏层输出将作为解码器的第一个隐藏层输入
            hidden, cell = self.encoder(src)
            # 第一个输入是 <sos>
            input = trg[0,:]
            for t in range(1, trg_len):
                output, hidden, cell = self.decoder(input, hidden, cell)
                # 把解码器输出放入 output
                outputs[t] = output
                # 随机决定是否使用 Teacher Force
                teacher_force = random.random() < teacher_forcing_ratio
                # 找出最大概率输出
                top1 = output.argmax(1)
                # 如果使用 Teacher Force 则以真实值作为下一个输入
                # 否则，使用预测值作为下一个输入
                input = trg[t] if teacher_force else top1
        else:
            batch_size = src.shape[1]
            trg_vocab_size = self.decoder.output_dim
            #存储解码器结果的列表
            l = []
            # outputs = torch.zeros(trg_len, batch_size, trg_vocab_size).to(self.device)
            hidden, cell = self.encoder(src)
            # 第一个输入是 <sos>
            input = src[0,:]
            while True:
                output, hidden, cell = self.decoder(input, hidden, cell)
                #把解码器输出放入 l
                l.append(output)
                top1 = output.argmax(1)
                if top1 == 1:
                    return l
                input = top1
        return outputs
```

9.3.5 初始化模型

首先定义模型的参数，有词表大小、编码器、解码器维度、Dropout 比例和层数等，定义模型后使用 init_weights 函数初始化模型参数。

```
source_word_count = len(en_wl)    # 源语言的词语数量
target_word_count = len(zh_wl)    # 目标语言的词语数量
encode_dim = 256
decode_dim = 256
hidden_dim = 512
n_layers = 2
encode_dropout = 0.5
decode_dropout = 0.5
device = torch.device('cuda')
model = Seq2seq(source_word_count, target_word_count, encode_dim, decode_dim, hidden_
dim, n_layers, encode_dropout, decode_dropout, device).to(device)
def init_weights(m):
  for name, param in m.named_parameters():
    nn.init.uniform_(param.data, -0.08, 0.08)
    model.apply(init_weights)
```

9.3.6　定义优化器和损失函数

使用 optim.Adam 优化器和 nn.CrossEntropyLoss 损失函数。Adam 优化器和 CrossEntropyLoss 在第 4 章介绍过。

```
import torch.optim as optim
optimizer = optim.Adam(model.parameters())
criterion = nn.CrossEntropyLoss(ignore_index = pad_id)
```

9.3.7　训练函数和评估函数

把训练和评估代码封装在函数中，每次训练都遍历整个训练集的 DataLoader。计算每个 batch 的损失，并通过反向传播更新模型参数。

```
def train(model, iterator, optimizer, criterion, clip):
  model.train()    # 训练模型前需要执行模型的 train 方法
  epoch_loss = 0
  for i, batch in enumerate(tqdm(iterator)):
    src = batch[0].to(device)
    trg = batch[1].to(device)
    optimizer.zero_grad()
    output = model(src, trg)
    #trg = [trg len, batch size]
    #output = [trg len, batch size, output dim]
    output_dim = output.shape[-1]
    output = output[1:].view(-1, output_dim)
    trg = trg[1:].view(-1)
    #trg = [(trg len - 1) * batch size]
    #output = [(trg len - 1) * batch size, output dim]
    loss = criterion(output, trg)
```

```
    loss.backward()   # 通过反向传播更新参数
    torch.nn.utils.clip_grad_norm_(model.parameters(), clip)
    optimizer.step()
    epoch_loss += loss.item()
  return epoch_loss / len(iterator)
```

评估函数代码如下。评估模型时需要使用 torch.no_grad 函数，这时 torch 不会自动计算梯度，且评估时不应该使用 Teacher Forcing。

```
def evaluate(model, iterator, criterion):
  model.eval()
  epoch_loss = 0
  for i, batch in enumerate(tqdm(iterator)):
    src = batch[0].to(device)
    trg = batch[1].to(device)
    with torch.no_grad():
        output = model(src, trg, 0)   # 不使用 Teacher Forcing
    #trg = [trg len, batch size]
    #output = [trg len, batch size, output dim]
    output_dim = output.shape[-1]
    output = output[1:].view(-1, output_dim)
    trg = trg[1:].view(-1)
    #trg = [(trg len - 1) * batch size]
    #output = [(trg len - 1) * batch size, output dim]
    loss = criterion(output, trg)
    epoch_loss += loss.item()
  return epoch_loss / len(iterator)
```

9.3.8 训练模型

N_EPOCHS 代表最大训练轮次，CLIP 是 clip_grad_norm 的参数。导入 time 模块用于计时。

```
import math
import time
N_EPOCHS = 10   # 训练轮次
CLIP = 1
best_valid_loss = float('inf')   # 把初始的最好损失设为无穷大
for epoch in range(N_EPOCHS):
  train_loss = train(model, train_data_loader, optimizer, criterion, CLIP)
  valid_loss = evaluate(model, dev_data_loader, criterion)
  if valid_loss < best_valid_loss:
    best_valid_loss = valid_loss
    torch.save(model.state_dict(), 'tut1-model.pt')
  print(f'\tTrain Loss: {train_loss:.3f} | Train PPL: {math.exp(train_loss):7.3f}')
   print(f'\t Val. Loss: {valid_loss:.3f} |  Val. PPL: {math.exp(valid_loss):7.3f}')
```

为避免训练该模型时耗时较多，这里只训练 10 轮。如果继续增加训练的轮次，损失会降低。

9.3.9 测试模型

编写测试函数，接收一个字符串为要翻译的英文句子，返回翻译好的中文句子。由于前面的英文词表中没有考虑未收录词的问题，解析待翻译句子时可能遇到词表中没有的词进而引发错误。

```
def translate(en_sentence):
  words = []
  for word in en_sentence.strip().split(' '):
      # 去掉词语中的句号和逗号，转换为小写
      words.append(word.replace('.', '').replace(',', '').lower())
  ids = [[0]]
  for w in words:
      ids.append([en2id[w]]) # 把词转换为 ID
  ids.append([1])
  src = torch.tensor(ids)
  src = src.to(device)
  model.eval()
  with torch.no_grad():
      output = model(src, None, 0)
  trg = []
  for x in output:
      trg.append(zh_wl[x.argmax(1).cpu().item()])
  return ''.join(trg)
```

使用几个简单的句子测试模型的效果。输入句子"What is your name"，翻译为中文应该是"你叫什么名字"。

```
result = translate('what is your name')
print(result)
```

模型给出的结果如下。

```
'你的么????"?"?"?"<eos>'
```

再测试更复杂的句子，如提出了 Seq2seq 模型的论文的题目 *Sequence to Sequence Learning with Neural Networks*，意思是"使用神经网络进行序列到序列的（任务的）学习"。

```
result = translate('Sequence to Sequence Learning with Neural Networks')
print(result)
```

模型给出的结果如下。

```
'学习的学习  的的的的的的的的。。。。。。。。。。 <eos>'
```

可以看到这个模型仅能给出原句子中个别词语的正确意思，无法完整给出合理的句子。导致这个结果的原因有很多，如模型比较简单、数据量少、没有足够的预处理且训练次数不够。

实际的商用机器翻译模型已经能达到甚至超过一般非母语语言使用者的翻译水平，但模型的复杂程度和使用的数据的数量远远超过上述的例子。

9.4 小结

对于 Seq2seq 需要注意的有以下 4 点。

第一，需要先运行编码器，等编码器处理完输入序列中的全部元素，得到上下文向量后，解码器才能开始工作。解码器根据上下文向量，每次生成一个输出元素。

第二，编码器-解码器结构中编码器和解码器不一定要使用 RNN，Seq2seq 是一类模型的统称，后续章节还会进一步介绍，如使用 CNN 的 Seq2seq、Transformer 的编码器和解码器仅使用注意力机制。其中 CNN 是卷积神经网络，是一种常用于处理图像等数据的神经网络。

第三，除了编码器和解码器运行的先后顺序外，如果采用了 RNN，编码器和解码器中的每一步都需要等上一步执行完才能进行，即每个时间步只能处理一个输入或输出，这限制了模型的并行能力。

第四，本章的 Seq2seq 实现中，解码器仅使用编码器的最后一个位置的隐藏层输出作为上下文向量（也就是解码器的输入），虽然这个向量中包含了输入序列的全部信息，但是这迫使模型把整个输入序列的内容压缩到这个向量中，如果输入序列很长，那么这个向量可能没有足够的空间存下整个序列的内容，第 10 章将给出这个问题的解决方案。

第 10 章　注意力机制

根据我们阅读文本的经验，句子中不同的词对于理解句子含义的重要性不同。大脑往往会抓住句子的关键词，快速得出句子的意思。另外我们可以联系上下文得出词之间的关系，如遇到代词，可以自然地联系到它指代的具体名词，这个名词往往是上下文出现过或隐含着的。我们可以允许自然语言模型也有对不同词赋予不同权重的能力。

本章主要涉及的知识点如下。

☐　注意力机制的起源。
☐　计算机视觉中的注意力机制。
☐　Seq2seq 中的注意力机制。
☐　其他注意力机制。

10.1　注意力机制的起源

Ilya Sutskever[1]在 2016 年的一次采访中曾评论注意力机制是（深度学习领域）最令人激动的进展之一，并会持续发挥作用[2]。本节我们将介绍注意力机制的起源、发展以及它在自然语言处理中的应用。

10.1.1　在计算机视觉中的应用

注意力机制很早就被应用于图像和计算机视觉领域，而且很多论文指出在计算机视觉中应用注意力机制的一个主要目的是提高效率。

1998 年的论文 *A model of saliency-based visual attention for rapid scene analysis* 指出，受到

---

[1]　著名人工智能学者，也是上一章开头提到的论文 *Sequence to Sequence Learning with Neural Networks* 的作者之一。
[2]　引用自文章 *Attention and Memory in Deep Learning and NLP*。

早期灵长类动物视觉神经系统的启发（"inspired by the behavior and the neuronal architecture of the early primate visual system"），可以将图像的多个尺度的特征组合起来，并且不同部分有不同的权重。

2014 年的论文 *Recurrent Models of Visual Attention* 也指出，使用传统的方法处理图片，即使使用 GPU，对于一张图片的处理也需要数以秒计的时间。

大脑处理视觉信号时对视野中所有的区域往往不是同等关注的。我们会快速搜索并锁定视野中最关键的区域，而忽略那些相对不太重要的部分。*Recurrent Models of Visual Attention* 论文中使用 RNN，在图片中选择一些关键区域输入 RNN，从而避免在不重要的区域消耗计算时间。

10.1.2　在自然语言处理中的应用

与计算机视觉领域一样，自然语言中句子里不同词语的重要程度有差别，如"今天天气很好啊"里的"啊"只是加强了语气，去掉"啊"不影响句子的本意，但"好""天气"都是关键的词语，句子缺少它们则无法表达原有的含义。

另外自然语言的句子中，不同词之间也有联系，典型的例子是代词，理解句子的时候我们往往需要知道代词到底对应哪个"实体"。

10.2　使用注意力机制的视觉循环模型

本节简要介绍论文 *Recurrent Models of Visual Attention* 中使用的方法。该方法模仿人类视觉系统处理视觉信息的方法，虽然使用了循环模型，但与自然语言处理中的注意力机制的实现方法有较大区别。

10.2.1　背景

该论文提出的模型是从图片中提取信息。如第 10.1 节所说，使用注意力机制的出发点是降低计算复杂度。如果采用卷积神经网络处理图片，计算复杂度和图片包含的像素数量至少是线性的关系。

人类处理视觉输入时，每次会注意视野中的一个区域，并快速搜索，再按顺序关注其他关键区域，并结合这几个区域，快速地反映出整个视野的信息，而被注意的区域之外的视野被相对忽略。相比同等地处理所有的区域，这个策略更节省时间。

10.2.2　实现方法

使用一个 RNN 负责依次处理连续的图像的不同区域（位置），并且可以在每一步处理图像的同时选择下一步要处理的区域。

该模型每步仅能获取一个区域的信息，并且通过移动观察区域，逐渐获得并积累全局信息。举一个简单的例子，假设要识别一个图像中的三角形，那么模型可能要依次观察图 10.1 所示的 1、2、3、4、5 这 5 个区域并最终"发现"图中的三角形。

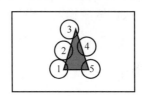

图 10.1　论文中模型的工作方式的示意图

注意：图 10.1 仅是论文中模型的工作方式的示意图，实际论文所描述的原理和效果请参考原论文。

10.3　Seq2seq 中的注意力机制

10.3.1　背景

正如第 9 章所述，论文 *Learning Phrase Representations using RNN Encoder-Decoder for Statistical Machine Translation* 提出了 Encoder-Decoder（编码器-解码器）的结构。如果输入的句子被编码器编码为一个向量，解码器仅仅通过这个向量来生成输出的句子，那么这个向量就需要包含输入句子的全部信息。而有时候输入的句子可能很长，就可能导致这个向量不一定能包含足够的信息。

2013 年的论文 *Generating Sequences With Recurrent Neural Networks* 提出了一种注意力机制，允许 RNN 在生成序列的不同时刻聚焦于输入的不同部分。这篇文章是为了解决使用 RNN 生成序列的问题，比如自动生成文章或者手写字体的文字。如果仅仅使用 RNN，每次的输出都依赖上次的输出，可能导致误差累积。

2014 年的论文 *Neural Machine Translation by Jointly Learning to Align and Translate* 在分析上述问题后提出了应用在 Encoder-Decoder 模型上也就是 Seq2seq 上的注意力方案。之前的模型仅保留编码器的最后一个输出，而舍弃前面的其他输出。这篇论文却提出可以保留编码器的 N 个输出，并通过这 N 个输出得到上下文向量，将其作为解码器的输入，而且可以根据解码器当前输出的位置从编码器的输出中获得不同的上下文向量。采用该方法的模型的示意图如图 10.2 所示。

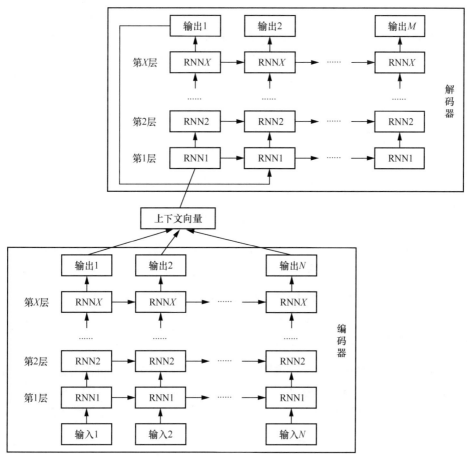

图 10.2　使用注意力机制的 Seq2seq 示意图

第 9 章图 9.1 中的编码器仅获得了输出 N。而这里的编码器每次都可以获得通过输出 1 到输出 N 得到的向量。

注意：图 10.2 中的上下文向量对于解码器中的不同位置是不同的，虽然上下文向量都来自编码器的 N 个输出，但应用的权重不同。

10.3.2　实现方法

设输出序列长度为 M，输入序列长度为 N。上下文向量为 C_i，i 的取值是 1 到 M，也就是每个输出均对应上下文向量。编码器的输出长度为 N。那么计算 C_i 的公式如下。

$$C_i = \sum_{j=1}^{N} a_{ij} h_j$$

公式里的 h_j 代表编码器的输出，a_{ij} 代表参数。第 9 章中的 Seq2seq 模型，相当于 $C_i = h_N$，也就是无论是解码器的哪个位置，使用的都是编码器的最后一个输出。而上面公式的含义是，在编码器的不同位置，会根据参数 a_{ij} 和 h_j 相乘并累加，计算出可能各不相同的上下文向量。

a_{ij} 的计算公式如下。

$$a_{ij} = \frac{\exp(e_{ij})}{\sum_{k=1}^{N} \exp(e_{kj})}$$

其中 e_{ij} 的计算公式如下。

$$e_{ij} = a(s_{i-1}, h_j)$$

e_{ij} 用于计算解码器在 i 位置的输出与编码器在 j 位置的输出的匹配程度。前面提到 h_j 代表的是编码器的输出。s_{i-1} 代表解码器在 $i-1$ 位置的隐藏层输出。也就是说这里使用解码器前一步的隐藏层输出，加上编码器输出计算注意力机制的参数。

10.3.3 工作原理

图 10.3 给出了一个简单的例子，说明 Seq2seq 模型使用注意力机制的好处，即解码器的每个输出都有机会结合整个输入序列中的信息。例子是英语到中文的翻译。输入是由 3 个单词组成的句子 "How are you"，输出是 "你好吗"，这里恰好中英文的长度都是 3。

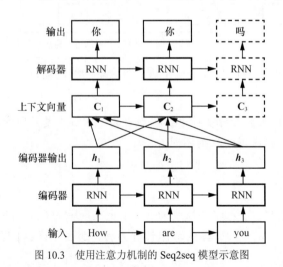

图 10.3　使用注意力机制的 Seq2seq 模型示意图

如果没有使用注意力机制，解码器只能得到编码器最后一个输出，即图中的 h_3。虽然 h_3 也包含了输入的 3 个单词的信息，但是 h_3 是混合了这 3 个单词信息的向量。

如果使用注意力机制，在解码器输出第一个汉字即"你"的时候，实际上"你"字对应输入语句中的"you"，通过 h_1、h_2、h_3 合成上下文向量 C_1 的时候，h_3 的权重可能会更大，解码器就得到更多关于"you"的信息，从而能更好地生成输出。

解码器输出第二个汉字时，虽然也是根据 h_1、h_2、h_3 合成上下文向量 C_2，但是权重跟刚才的不同，所以这时候 C_2 反映出来的语义信息又与 C_1 有所不同，侧重于当前输出的上下文环境。这个过程就相当于，解码器可以在输出不同位置单词的时候"注意"或"聚焦到"输入中不同的位置。模型结构示意图如图 10.3 所示。

10.4　自注意力机制

Seq2seq 模型中的注意力机制是两个句子中的"注意力"，例如在翻译任务中，翻译目标语言的不同位置，可以注意到源语言的不同位置。本节介绍的自注意力（Self Attention）机制则是一个句子中的注意力，反映了一个句子内词语间的关系。

10.4.1　背景

处理自然语言需要理解上下文。原始 RNN 可以记忆上文的内容，使用双向 RNN 则可以同时获得上下文的信息。再加上 LSTM，RNN 可以更好地记忆长距离的信息。而自注意力机制则允许模型在一个句子内部对上下文分配注意力，就像 Seq2seq 中解码器对编码器输出的注意力一样。

RNN 中对上下文的记忆存储在隐藏层的输出中，是一个状态变量，但句子中的有些词往往跟某些上下文的关系更加密切，在自注意力机制中，可以让每个词语更多地注意到与它密切相关的上下文。图 10.4 所示为自然语言处理中一种可能的句子内注意力分配的示意图。

图 10.4 中的句子是"返回器从探测器拿到样品，分离后它将返航"。句子中出现了"返回器""探测器""样品"3 个名词，而后面的代词"它"指代的应该是距离最远的也就是句子开头的"返回器"，理想的情况下，词语"它"的注意力应该给"返回器"较高权重，这正反映了句子中的指代关系。

图中仅展示了"它"的注意力分配，而句子中每个词都有自己的注意力分配权重。

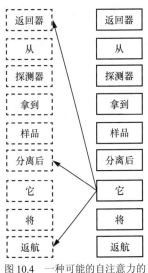

图 10.4　一种可能的自注意力的分配的示意图

10.4.2 自注意力机制相关的工作

发表在 EMNLP 2016 的论文 *Long Short-Term Memory-Networks for Machine Reading*，在 LSTM 模型中记录了每一步的隐藏层状态，并在后续步骤中实现了注意力机制。

发表在 ICLR 2017 的论文 *A Structured Self-Attentive Sentence Embedding* 提出了句子内注意力的实现方法。该文章中使用二维矩阵而不是向量来表示嵌入。

论文 *A Deep Reinforced Model for Abstractive Summarization* 完成的工作是文本摘要，也使用 Seq2seq。与第 10.3 节介绍的 Seq2seq 模型中的注意力机制不同的是，该论文给解码器输出的词也添加了注意力，即生成摘要时不仅关注编码器的输出来获取文章内容，还关注之前已经输出的摘要，用于避免产生重复的内容。

10.4.3 实现方法与应用

自注意力机制的实现方法与注意力机制类似，但不仅可以在 Seq2seq 上，在单独的 RNN 上也可以使用自注意力机制。自注意力机制可以用于之前提到的文本分类等问题，也可以用于改善 Seq2seq 的效果。

10.5 其他注意力机制

除了之前介绍的注意力机制，还有其他注意力机制。

1. Multi-head Attention

Multi-head Attention 即多头注意力机制，允许同时有多种不同的注意力分配方式。Multi-head Attention 在论文 *Attention Is All You Need* 中被提出，被使用于 Transformer 中，该模型将在第 11 章详细介绍。

Multi-head Attention 就是同时训练多个注意力空间，从而使模型拥有关注语言不同方面的能力。每个注意力头的参数都是随机初始化的，并会在训练过程中学习到不同的信息。

2. Multi-hop Attention

Multi-hop Attention 可以理解为多层注意力机制。论文 *Memory Networks* 还有之后的 *End-To-End Memory Networks* 提出了 Multi-hop Attention 机制。

3. Soft Attention 和 Hard Attention

论文 *Show, Attend and Tell: Neural Image Caption Generation with Visual Attention* 完成了生

成图片描述的任务，并提出了 Hard Attention。

Soft Attention 就是本章之前提到的注意力机制，直接作为模型参数的一部分，随着模型一起训练。Hard Attention 是随机过程，无法通过反向传播训练。

4. Full Attention 和 Sparse Attention

上文提到的自注意力机制会计算序列中每个元素和所有元素之间的注意力，如果序列长度为 n，则需要计算的注意力数量为 n^2。当序列较长时可能计算量很大，而且考虑到序列中实际上不一定任何两个位置之间都有较强的关联，所以可以设法避免计算所有元素之间的注意力。

2019 年的论文 *Generating Long Sequences with Sparse Transformers* 中提出的 Sparse Transfomer 实现了 Sparse Attention。

10.6 小结

注意力机制大大改善了多种模型在原有任务上的效果，第 11 章将介绍的仅采用注意力机制实现的 Transformer 不仅拥有良好的效果，而且相比基于 RNN 结构的模型有更好的并行效率。

第 11 章 Transformer

Transformer 也是一种 Seq2seq，却完全不含 RNN 结构，RNN 虽然能够灵活地处理不定长度序列输入和输出，且应用注意力机制后有很好的效果，但仍有并行效率差的问题。因为序列模型在计算时后一个时间的输入中需要前一个时间的隐藏层输出。Transformer 同样使用注意力机制，去掉了序列依赖，可以大大提高并行能力，并取得良好效果。

本章主要涉及的知识点如下。

- ❑ 提出 Transformer 的背景。
- ❑ 其他不含 RNN 的 Seq2seq。
- ❑ Transformer 的结构。
- ❑ 使用 PyTorch 实现 Transformer。

11.1 Transformer 的背景

Transformer 也是使用注意力机制，但它不依赖 RNN，而是仅仅采用注意力机制，同时采用 Positional Encoding、Multi-head Attention 等方法。

11.1.1 概述

论文 *Attention Is All You Need* 提出了 Transformer，该论文题目的意思是注意力机制可以满足所有的需求。该论文摘要中指出，Transformer 之前，序列变换模型的主流是使用注意力机制的 RNN，而 Transformer 没有 RNN 或卷积神经网络结构，效率更高，且可以在相关问题上取得更好效果。

Transformer 也使用 Encoder-Decoder（编码器-解码器）结构，可以分为编码器和解码器械两个部分。不过其中的编码器和解码器都没有使用 RNN 结构。

11.1.2 主要技术

Transformer 的主体使用自注意力机制，即在序列内部分配注意力，另外还采用 Multi-head Attention，允许同一个位置有多个不同的注意力权重。

在 Transformer 被提出之前，论文 *Convolutional Sequence to Sequence Learning* 提出了使用卷积神经网络的 Seq2seq，该模型可以在机器翻译上实现比基于 RNN 的 Seq2seq 更好的效果和更快的速度。

11.1.3 优势和缺点

Transformer 相比基于 RNN 的 Seq2seq 能更有效地处理结构化信息，且运行速度更快。

相比基于 RNN 的模型，Transformer 可能需要更多的训练数据，所以在仅有较少训练数据的情况下，可能基于 RNN 的模型表现更好。

注意：第 14 章中我们将分别使用基于 RNN 的模型和 Transofrmer 模型实现对诗模型，可以看到两者在训练耗时上的差别。

11.2 基于卷积网络的 Seq2seq

2014 年已经有使用 CNN 做特征提取器完成自然语言处理任务（句子分类）的研究，如论文 *Convolutional Neural Networks for Sentence Classification*。该论文的方法是把句子看成 $N \times k$ 的二维矩阵，N 是词语数量，k 是词向量的维度，然后使用单层 CNN 提取特征。

CNN 处理序列特征的一个问题是难以捕捉长距离依赖，但是可以通过使用更多层的 CNN 提高模型捕捉长距离依赖的能力。

该方法的实现可见开源项目 Pytorch-Seq2seq。

11.3 Transformer 的结构

Transformer 同样用于处理不定长的序列输入并生成不定长的输出，却不包含 RNN。仅使用注意力机制的 Transformer 不仅有良好的效果，其并行能力也比 RNN 大大提高。

11.3.1　概述

Transformer 也是一种 Seq2seq，它的编码器和解码器的主体结构采用自注意力机制。其编码器和解码器都由多个编码器层和解码器层构成。编码器层又包含两个子层，分别是自注意力子层和 Feed Forward 子层。Feed Forward 就是前馈神经网络。解码器的子层多了一个编码器到解码器的注意力的层。

图 11.1 是 Transformer 结构示意图。

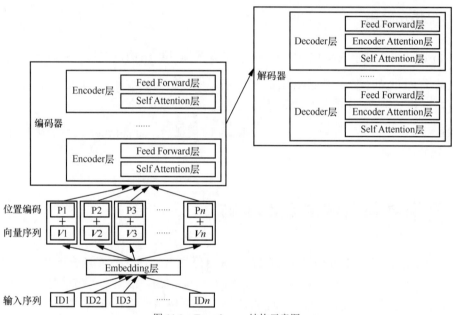

图 11.1　Transformer 结构示意图

输入序列要经过 Embedding 层得到词向量，然后词向量会叠加代表序列位置信息的位置编码序列，相加后的序列作为编码器的输入。

11.3.2　Transformer 中的自注意力机制

Transformer 中的自注意力机制是通过 3 组参数实现的。第 10 章简单介绍过自注意力机制，如果句子有 n 个元素，那么第一个元素会对所有元素的注意力分配 n 个权重，第二个元素也一样分配 n 个权重。

具体的做法是对每个元素通过 3 组参数生成 3 组向量：一个是 Q 向量，代表 Query；一个是 K 向量，代表 Key；一个是 V 向量，代表 Value，如图 11.2 所示。

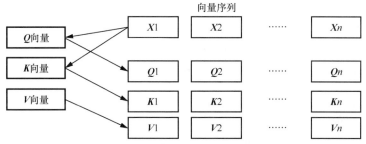

图 11.2　自注意力机制实现方法示意图

得到了各元素对应的 Q、K、V 向量后就可以直接通过向量运算得出注意力权重。先求 Score，i 位置的向量对 j 位置向量的 Score 就是 $Q_i \times K_j$，即用 i 位置的 Q 乘以 j 位置的 K。求出每个位置的 Score 向量，再求 Softmax，然后与 V 向量相乘，接着求和就可以得到当前位置的输出。

11.3.3　Multi-head Attention

Multi-head Attention 就是多头注意力机制。实现方法是定义多个 Q、K、V 参数矩阵，并将其初始化为不同的值，在训练过程中可以得到多个不同的参数矩阵，从而得出不同的自注意力参数的结果。Multi-head Attention 可以改善模型的效果，因为不同的注意力参数可能会给出不同角度的权重，综合起来可能会得到更合理的结果。

MultiHeadAttentionLayer 包含 4 个 Linear 层，一个 Dropout 层。forward 方法的参数有 query、key、value 和 mask。

```python
class MultiHeadAttentionLayer(nn.Module):
    def __init__ (self, hid_dim, n_heads, dropout, device):
        super().__init__ ()
        assert hid_dim % n_heads == 0
        self.hid_dim = hid_dim
        self.n_heads = n_heads
        self.head_dim = hid_dim // n_heads
        self.fc_q = nn.Linear(hid_dim, hid_dim)
        self.fc_k = nn.Linear(hid_dim, hid_dim)
        self.fc_v = nn.Linear(hid_dim, hid_dim)
        self.fc_o = nn.Linear(hid_dim, hid_dim)
        self.dropout = nn.Dropout(dropout)
        self.scale = torch.sqrt(torch.FloatTensor([self.head_dim])).to(device)
    def forward(self, query, key, value, mask = None):
        batch_size = query.shape[0]
        # query = [batch size, query len, hid dim]
        # key = [batch size, key len, hid dim]
        # value = [batch size, value len, hid dim]
        Q = self.fc_q(query)
        K = self.fc_k(key)
```

```
        V = self.fc_v(value)
        # Q = [batch size, query len, hid dim]
        # K = [batch size, key len, hid dim]
        # V = [batch size, value len, hid dim]
        Q = Q.view(batch_size, -1, self.n_heads, self.head_dim).permute(0, 2, 1, 3)
        K = K.view(batch_size, -1, self.n_heads, self.head_dim).permute(0, 2, 1, 3)
        V = V.view(batch_size, -1, self.n_heads, self.head_dim).permute(0, 2, 1, 3)
        # Q = [batch size, n heads, query len, head dim]
        # K = [batch size, n heads, key len, head dim]
        # V = [batch size, n heads, value len, head dim]
        energy = torch.matmul(Q, K.permute(0, 1, 3, 2)) / self.scale
        # energy = [batch size, n heads, query len, key len]
        if mask is not None:
            energy = energy.masked_fill(mask == 0, -1e10)
        attention = torch.softmax(energy, dim = -1)
        # attention = [batch size, n heads, query len, key len]
        x = torch.matmul(self.dropout(attention), V)
        # x = [batch size, n heads, query len, head dim]
        x = x.permute(0, 2, 1, 3).contiguous()
        # x = [batch size, query len, n heads, head dim]
        x = x.view(batch_size, -1, self.hid_dim)
        # x = [batch size, query len, hid dim]
        x = self.fc_o(x)
        # x = [batch size, query len, hid dim]
        return x, attention
```

11.3.4　使用 Positional Encoding

这个问题是基于 RNN 的 Encoder-Decoder 所不需要考虑的问题，因为序列输入 RNN 的顺序，也就是它们进入 RNN 的先后顺序已经隐含了位置信息。但是 Transformer 中没有位置信息。

结合第 11.3.2 小节所描述的计算注意力的过程可以得出，在模型参数相同的情况下，同样的词在不同的位置，或者同一个序列以不同顺序输入，对应的词间都会得到相同的注意力权重和输出。但在自然语言中，词的顺序会影响句子的含义。

Transformer 对该问题的解决方法是词向量在输入模型之前会叠加一个位置向量，两个向量维度相同，所以可以直接相加，位置向量通过函数计算得出，只与当前的位置有关。

Positional Encoding 在不同的 Transformer 版本中有不同的实现方法，一个开源的实现方法如下。

```
import numpy as np
import matplotlib.pyplot as plt
def get_angles(pos, i, d_model):
 angle_rates = 1 / np.power(10000, (2 * (i//2)) / np.float32(d_model))
```

```
    return pos * angle_rates
def positional_encoding(position, d_model):
 angle_rads = get_angles(np.arange(position)[:, np.newaxis],
              np.arange(d_model)[np.newaxis, :],
              d_model)
 # 对于处在 2i 位置上的元素（即偶数位置）使用 sin 函数
 angle_rads[:, 0::2] = np.sin(angle_rads[:, 0::2])
 # 对于处在（2i+1）位置上的元素（即奇数位置）使用 cos 函数
 angle_rads[:, 1::2] = np.cos(angle_rads[:, 1::2])
 pos_encoding = angle_rads[np.newaxis, ...]
 return pos_encoding
```

用该方法得到的位置向量的可视化效果如图 11.3 所示。

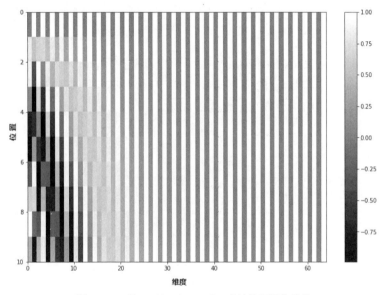

图 11.3   一种 Positional Encoding 方法的可视化效果

生成该图像的代码如下。

```
tokens = 10
dimensions = 64
pos_encoding = positional_encoding(tokens, dimensions)
print (pos_encoding.shape)
plt.figure(figsize=(12,8))
plt.pcolormesh(pos_encoding[0], cmap='gray')
plt.xlabel('维度')
plt.xlim((0, dimensions))
plt.ylim((tokens,0))
plt.ylabel('位置向量')
plt.colorbar()
plt.show()
```

注意：Positional Encoding 有多种实现方法，这里仅介绍了其中一种。

11.4　Transformer 的改进

第 10 章提到过 2019 年的论文 *Generating Long Sequences with Sparse Transformers* 提出的 Sparse Transfomer 实现了 Sparse Attention 避免在长的文本生成时消耗太多内存。

2020 年的论文 *Local Self-Attention over Long Text for Efficient Document Retrieval* 提出的一种通过窗口大小限制的 Local Attention 可以在长文本的检索上更节省内存。

11.5　小结

Transformer 相比基于 RNN 的序列模型在并行能力上有显著提高,而实际应用的效果也有很大提高。Transformer 结构是第 12 章将介绍的 GPT 和 BERT 等模型的基本结构,甚至在图像处理领域,Transformer 结构也取得了优秀的成绩。

第 12 章　预训练语言模型

预训练语言模型（Pre-trained Language Models，PLMs 或 PTMs）应用广泛且效果良好。有的文章中把自然语言处理中的预训练语言模型的发展划分为 4 个时代：词嵌入时代，上下文嵌入（Context Word Embedding）时代、预训练语言模型时代、改进型和领域定制型时代。第 8 章介绍过词嵌入，本章将介绍 ELMo、GPT 和 BERT 等预训练语言模型。

本章主要涉及的知识点如下。

❑　预训练模型的意义、原理。

❑　ELMo。

❑　GPT。

❑　BERT。

❑　使用 Hugging Face Transformers 中的预训练模型。

12.1　概述

本节介绍预训练模型的意义、预训练模型的工作方法以及预训练方法在自然语言处理领域的应用。

12.1.1　为什么需要预训练

在深度学习中，模型通常需要非常大的参数量，但并不是所有任务都有足够多的有标记的数据去训练这样复杂的模型，训练数据少可能导致模型出现过拟合，就是模型误以为少量数据特有的某些不重要的特征是关键的通用的特征。过拟合会导致模型在实际使用中表现不佳。

可以先使用一些通用的数据对模型进行预训练，让模型学习一些这个领域通用的东西，然后使用较少量最终要解决的问题的数据做最终的训练。

在图像处理领域著名的 ImageNet 数据集，是根据 WordNet 的分类构建的图片数据集，该数据集的目标是为 WordNet 的每个名词性的同义词集合（synset）提供 1000 张左右的图片。据 ImageNet 网站介绍，这样的名词性同义词集合大概有 80 000 多个，而且 ImageNet 数据集是人工标注的。

ImageNet 数据集包含很多类别，每个类别也有足够多的图片，所以计算机视觉模型可以先在 ImageNet 数据集上进行训练，以学习一些视觉方面的通用的知识。然后可以在预训练的基础上再对具体任务进行 Fine-tuning。

在自然语言处理领域也是一样的，可以先在海量语料上对模型进行预训练，常用的语料有维基百科、新闻文章等，而且常常使用无监督学习的方法。因为很多自然语言处理任务的语料人工标注成本很高，但是有大量不带标注的语料可以用于无监督学习。

在海量语料上进行模型预训练的好处有：

（1）可以让模型学习到这个语言中的通用的知识。

（2）避免训练数据量过少造成的过拟合。

（3）使用预训练参数是一种初始化模型参数的方法。

注意：除了使用预训练参数还可以采用随机初始化模型参数等方法。但采用预训练权重初始化模型是更好的选择。

12.1.2　预训练模型的工作方式

预训练模型有两个步骤，第一是使用海量的带有标记的通用数据训练模型，称为预训练；第二则是使用具体任务的数据，在预训练得到的模型结构和参数的基础上对模型做进一步的训练，这个过程中模型可能会学到一些新的参数，也可能会对预训练阶段中的参数做一些修改，使模型更适应当前的任务，称为 Fine-tuning。

对于预训练模型来说，预训练阶段完成的任务被称为预训练任务，而 Fine-tuning 阶段完成的任务和实际要做的具体任务被称为下游任务（downstream tasks）。

注意：Fine-tuning 阶段往往会采用较小的学习率。

12.1.3　自然语言处理预训练的发展

如第 8 章所介绍的词嵌入的概念在 2003 年就被提出。2013 年 Word2Vec 被提出。但仅靠词嵌入难以处理多义词问题，因为每个词只能被表示成一个向量，但是同一个词可能有多个相差较大的含义，人在阅读时，可以根据上下文确定词义，而词嵌入没有结合上下文的机制。

这些方法的特点是本身神经网络层数比较少，而且下游任务一般仅使用词向量而不会采用预训练模型本身的网络结构。

论文 *Deep Contextualized Word Representations* 提出 ELMo（Embedding from Language Models）模型，ELMo 不仅是能提供 ID 到词向量的词表的模型，而且是由 Embedding 层和一个双向 LSTM 构成的语言模型。

下游任务使用 ELMo 模型的时候，不仅会使用 Embedding 层的预训练参数，还会使用 LSTM 模型的结构和参数，这样当词序列通过 Embedding 层时得到词向量，再经过 LSTM 模型则能够结合上下文信息。

之后的 GPT 模型和 BERT 模型则使用 Transformer 结构替代 LSTM 作为特征提取器，获得更好的效果。

12.2 ELMo

ELMo 模型是一个双向的语言模型，而且 ELMo 模型通过双向 LSTM 模型输出包含上下文信息的词向量，可以根据语境自动调整具体词对应的向量。

12.2.1 特点

ELMo 是来自语言模型的、结合上下文信息的词嵌入。

对于多义词问题，以英文中常见单词 play 为例，它常见的含义有玩游戏或者参加体育项目，也有演奏乐器，对于 Word2vec 或者 GloVe 这样的词嵌入方法，这些含义都包含在这一个向量中，但使用 ELMo 模型可以根据语境区分一个单词的不同含义。

12.2.2 模型结构

如图 12.1 所示，ELMo 主要是由双向 LSTM 构成的。下游任务可以使用 ELMo 输出的词向量完成。

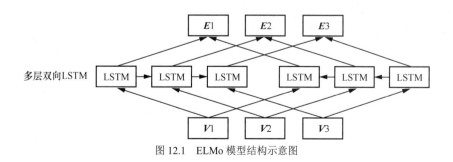

图 12.1　ELMo 模型结构示意图

12.2.3　预训练过程

论文 *Deep Contextualized Word Representations* 中提到的模型使用了字符级别的输入（"character-based input representation"），并在包含 10 亿个单词的数据集上训练了 10 个轮次。

12.3　GPT

GPT 即 Generative Pre-Training，意为生成式预训练，由 OpenAI 的论文 *Improving Language Understanding by Generative Pre-Training* 提出。

12.3.1　特点

GPT 采用 Transformer 结构取代 LSTM，有更高的效率。可以在更大的数据集进行更多训练。GPT 采用半监督学习的训练方案，即先进行无监督的预训练，然后在有标记的数据上进行有监督的 Fine-tuning。

GPT 的目标是得到一个通用的表示（universal representation）并且通过较少地修改适应多种下游任务。

GPT 训练的前提是拥有一种语言的大量无标记数据和针对几个任务的、规模相对较小的有标记数据集。

12.3.2　模型结构

图 12.2 展示 GPT 结构示意图。模型的主体是 Transformer 结构，需要输入文本和位置两个 Embedding 层。GPT 可以用于预测、分类等多种任务。

GPT 使用了 12 层的只包含解码器的 Transformer 结构，其中注意力机制有 12 个 head，维度为 768。

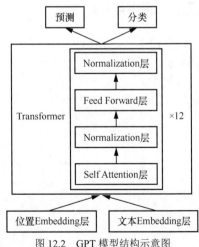

图 12.2　GPT 模型结构示意图

12.3.3 下游任务

对于分类任务可以直接在 Transformer 结构后面添加线性层。推理任务可以在前提文本和推断文本中间添加分隔符，再按顺序输入模型。文本相似度任务可以在要比较的两个文本中间添加分隔符，并按不同顺序输入模型。多选任务则把题目和多个回答分别用分隔符分开，分多次输入模型。

12.3.4 预训练过程

预训练使用 BooksCorpus 语料，包含从互联网上获取的 7000 多本书籍数据，这些书涉及多个不同主题。这个数据集已经无法公开获取，但是可以通过代码自动下载和处理。预训练过程训练 100 个轮次。

预训练目标是对于输入的序列 $S = \{w_1, w_2, ..., w_n\}$，使得概率

$$L_1 = \sum_i \log P(w_i \mid w_{i-k}, ..., w_{i-1})$$

最大化。其中 k 是上下文窗口的大小。

12.3.5 GPT-2 和 GPT-3

GPT-2 来自论文 *Language Models are Unsupervised Multitask Learners*。GPT-2 采用无监督学习，用于训练的数据集是 WebText，该数据集包含几百万网页数据。GPT-2 的参数量也很大，最大规模的 GPT-2 有超过 15 亿个参数。

GPT-3 来自 2020 年 5 月发布的论文 *Language Models are Few-Shot Learners*。GPT-3 参数量高达 1750 亿个。

GPT-3 有强大的能力，而 Openai 没有公开 GPT-3 的预训练权重。在文章 *Giving GPT-3 a Turing Test* 中展示了 GPT-3 的对话能力。节选如下。

```
Q: What is your favorite animal?
A: My favorite animal is a dog.

Q: Why?
A: Because dogs are loyal and friendly.

Q: What are two reasons that a dog might be in a bad mood?
A: Two reasons that a dog might be in a bad mood are if it is hungry or if it is hot.

Q: How many eyes does a giraffe have?
A: A giraffe has two eyes.
```

```
Q: How many legs does a frog have?
A: A frog has four legs.

Q: Are there any animals with three legs?
A: No, there are no animals with three legs.

Q: Why don't animals have three legs?
A: Animals don't have three legs because they would fall over.
```

第一个问题是 "你最喜欢的动物是什么"，模型回答 "我最喜欢的动物是狗"；又问 "为什么"，模型回答 "因为狗是忠诚而友好的"；又问 "请说两个可能使狗心情不好的原因"，模型回答 "两个可能使狗心情不好的原因是饿了或者太热"；又问 "长颈鹿有几只眼睛"，模型回答 "长颈鹿有两只眼睛"；又问 "青蛙有几条腿"，模型回答 "青蛙有四条腿"；又问 "有没有三条腿的动物"，模型回答 "没有三条腿的动物"；又问 "为什么没有三条腿的动物"，模型回答 "因为三条腿的动物会摔倒（站不稳）"。

对于这些问题，模型的回答非常自然和合理，模型甚至知道很多常识。但是 GPT-3 面对一些问题时也会犯错误，如下。

```
Q: How many eyes does a giraffe have?
A: A giraffe has two eyes.

Q: How many eyes does my foot have?
A: Your foot has two eyes.

Q: How many eyes does a spider have?
A: A spider has eight eyes.

Q: How many eyes does the sun have?
A: The sun has one eye.

Q: How many eyes does a blade of grass have?
A: A blade of grass has one eye.
```

上面 5 个问题是 "长颈鹿有几只眼睛？" "我的脚有几只眼睛？" "蜘蛛有几只眼睛？" "太阳有几只眼睛？" "一根草有几只眼睛？"。

模型的回答是 "两只" "两只" "八只" "一只" "一只"。对于长颈鹿和蜘蛛有几只眼睛这种有意义的问题模型都给出了准确的答案（99% 的蜘蛛都有八只眼睛）。但是对于如 "我的脚有几只眼睛？" 这样的本身就没有意义的问题，模型不能给出自然的符合人们预期的回答。

12.4　BERT

BERT 即 Bidirectional Encoder Representations from Transformers，意为使用 Transformer 结

构的双向编码器表示，它来自 Google 的 2018 年的论文 *BERT: Pre-training of Deep Bidirectional Transformers for Language Understanding*。

12.4.1　背景

Google 的 BERT 代码仓库地址可以在本书在线资源中找到。

有 BERT 的 TensorFlow 实现、预训练权重下载地址以及一些介绍。BERT 的 PyTorch 实现可以参考 Hugging Face Transformers 的源码。

12.4.2　模型结构

BERT 模型与 GPT 模型一样都使用 Transformer 结构，但 BERT 使用的是双向 Transformer 结构，可以同时结合上下文的信息，另外，GPT 是 Transformer Decoder 模型，BERT 则是 Transformer Encoder。

12.4.3　预训练

BERT 有两个预训练任务。第一个是 Masked Language Model（Masked LM），来源于 1953 年的论文 *Cloze procedure: A new tool for measuring readability*。该任务是一个 Cloze（完形填空任务），就是把语料中的一些词语随机"遮盖"起来，让模型根据上下文预测这些词语。

第二个训练任务是 Next Sentence Prediction（NSP），即下一个句子预测。该任务的目标是判断一个句子是不是另一个句子的下一句。

12.4.4　RoBERTa 和 ALBERT

2019 年 7 月的论文 *RoBERTa: A Robustly Optimized BERT Pretraining Approach* 提出了 RoBERTa，对 BERT 模型做了一些修改，并使用更多训练数据、更大的 Batch 和更长的训练时间。

2019 年 9 月的论文 *ALBERT: A Lite BERT for Self-supervised Learning of Language Representation* 提出了 ALBERT，改进了 BERT 的结构，减少了参数数量并改善了模型效果。

12.5　Hugging Face Transformers

Hugging Face Transformers 是 Hugging Face 开发的自然语言处理算法库，包含多种先进的

使用 Transformer 结构的自然语言处理模型，并提供预训练权重。

12.5.1　概述

Hugging Face Transformers 最早名为 pytorch-transformers 和 pytorch-pretrained-bert，是 Hugging Face 开发的开源自然语言处理算法库，最开始只有 PyTorch 版模型，现在已经支持 TensorFlow 版模型，并且可以自动转换两者的权重。

Hugging Face Transformers 如今包含 1000 多种模型，涉及 100 多种自然语言。而且它代码开源，预训练权重也都可以免费下载，甚至可以在使用过程中自动下载。

Hugging Face Transformers 把它包含的模型分为自回归模型（autoregressive model, AR model）、自编码模型（Autoencoding model）、Seq2seq 模型、多模态模型（Multimodal model）和 Retrieval-based model。

自回归模型包括前面介绍的 GPT 和 GPT-2 模型等。自回归模型通过上文预测下一个单词，所以它是单向的语言模型。自回归模型的公式是

$$X_t = c + \sum_{i=1}^{p} \varphi_i X_{t-i} + \varepsilon_t$$

就是通过 $X_{t-1}, X_{t-2}, \cdots, X_{t-p}$ 一共 p 个元素预测 X_t。

自编码模型包括前面介绍的 BERT、ALBERT、RoBERTa 等模型。自编码器模型的训练目标是忽略输入的噪声从而还原原始输入。如 BERT 预训练时遮盖原始数据中的部分词语，并要求模型还原这些词语。自编码模型把输入的一个序列转化为另一个序列。

Seq2seq 模型在第 9 章介绍过。Hugging Face Transformers 中包括 BART、Pegasus 等使用 Transformer 结构的 Seq2seq 模型。

多模态模型指融合多种信息形式的模型，比如视觉和自然语言，第 1 章有对多模态模型的简单介绍。Hugging Face Transformers 中包括的多模态模型是 MMBT。

Retrieval-based model 指一些在预训练过程中使用 retrieval 的模型。retrieval 指根据给定的条件搜索并找到一些目标信息。Hugging Face Transformers 中的这类模型有 DPR、RAG 等。

12.5.2　使用 Transformers

安装方法在第 3 章介绍过。这里先继续介绍一些全局的配置问题。

模型的缓存路径可以在需要下载模型的时候通过 cache_dir 参数指定，如果没有指定该参数则会把模型下载到默认的路径。默认路径通过环境变量 TRANSFORMERS_CACHE 设置。目前新版本的 Transformers 的默认预训练模型的保存位置是 "~/.cache/huggingface/transformers"，

一些旧版本 Transformers 会把预训练模型保存在 "~/.cache/torch/transformers"，可以把旧路径中的模型移动到新路径以防止下载之前下载过的模型。

注意：路径中的 "~" 指当前用户家目录。

使用 Hugging Face Transformers 解决自然语言处理问题主要分为以下几个步骤：预处理数据、定义模型、加载预训练模型、模型调优。模型调优有时可以省略。

12.5.3 下载预训练模型

调用 Tokenizer 或者模型的 from_pretrained 方法时可以自动下载模型。代码如下。采用 from_pretrained 方法也可以通过指定本地路径从文件加载模型。

```
from transformers import AutoTokenizer
tokenizer = AutoTokenizer.from_pretrained('bert-base-chinese')
```

创建中文 BERT 的 Tokenizer 时，首先会检查本地缓存中是否有之前下载好的预训练模型，如果没有则自动根据 URL 下载。

采用 from_pretrained 方法可以直接从指定路径加载符合要求的预训练模型而不用通过网络下载。

模型的名称以及模型和配置文件的下载路径可以在源码中找到。如 BERT 模型的配置文件在 "transformers/models/bert/configuration_bert.py" 中。

12.5.4 Tokenizer

Tokenizer 用于把输入的句子分解为模型词表中的 token。可通过 AutoTokenizer 创建对应模型的 Tokenizer，不同模型的 Tokenizer 是不同的。如下代码可以创建 bert-base-chinese 的 Tokenizer。

```
from transformers import AutoTokenizer
tokenizer = AutoTokenizer.from_pretrained('bert-base-chinese')
```

这时 tokenizer 实际的类型是：transformers.models.bert.tokenization_bert_fast.BertTokenizerFast。

可使用这个 tokenizer 对中文输入做 Tokenize。

```
result = tokenizer("并广泛动员社会各方面的力量")
print(result)
```

输出结果如下。

```
{
        'input_ids': [101, 2400, 2408, 3793, 1220, 1447, 4852, 833, 1392, 3175, 7481, 4638, 1213, 7030, 102],
        'token_type_ids': [0, 0, 0, 0, 0, 0, 0, 0, 0, 0, 0, 0, 0, 0, 0],
        'attention_mask': [1, 1, 1, 1, 1, 1, 1, 1, 1, 1, 1, 1, 1, 1, 1]
}
```

原输入有 13 个字，但得到的 input_ids 有 15 个 ID，这是因为 tokenizer 默认自动添加了特殊符号。不同预训练模型的特殊字符的 ID 可能不同。

可通过 all_special_ids 方法查看特殊字符 ID。

```
print(tokenizer.all_special_ids)
```

输出如下。

```
[100, 102, 0, 101, 103]
```

通过 all_special_tokens 方法查看所有特殊字符。

```
print(tokenizer.all_special_tokens)
```

输出如下。

```
['[UNK]', '[SEP]', '[PAD]', '[CLS]', '[MASK]']
```

除了生成"input_ids"还会产生对应的"token_type_ids"和"attention_mask"。下面是更多用法。

使用具体的类而不是 AutoTokenizer 构建 Tokenizer 效果是一样的。

```
from transformers import BertTokenizerFast
tokenizer = BertTokenizerFast.from_pretrained('bert-base-chinese')
```

直接调用 tokenizer 对象相当于调用 tokenizer 的 __call__ 方法。tokenizer 的 __call__ 方法有如表 12.1 所示的参数。

表 12.1　Tokenizer 的 __call__ 方法常用参数

参数名称	参数说明
text	输入序列或者输入序列的 batch；
text_pair	第二个输入序列或者第二个输入序列的 batch（比如比较两个句子相似度时会有两个句子）
add_special_tokens	是否添加特殊记号，默认为 True，如果为 False 则不会添加开始和结束记号
padding	字符填充方法，默认为 False，即不填充； 如果设为 True 或者'longest'则把这个 batch（如果是输入的 batch）的序列都按其中最长的一个序列长度填充； 如果设为'max_length'则填充至 max_length 参数指定的长度
truncation	截断策略，默认为 False，不截断； 如果设为 True 或者'longest_first'则按 max_length 参数截断或按当前 batch 中的最大长度截断； 如果设为'only_first'则对于给出的一对输入或者一对 batch，只截断第一个； 如果设为'only_second'则对于给出的一对输入或者一对 batch，只截断第二个
max_length	用于截断和填充的最大长度，如果不设置或设为 None 则使用预训练模型的最大序列长度
return_tensors	默认为 None，返回列表对象； 如果设为'tf'则返回 TensorFlow 的 tf.constant 对象； 如果设为'pt'则返回 PyTorch 的 torch.Tensor 对象； 如果设为'np'则返回 NumPy 的 np.ndarray 对象
return_token_type_ids	是否返回 token_type_ids
return_attention_mask	是否返回 attention_mask

下面介绍 token_type_ids，如果输入的是两个句子。

```
result = tokenizer("第一个句子", "第二个句子")
print(result)
```
输出如下。

```
{
        'input_ids': [101, 5018, 671, 702, 1368, 2094, 102, 5018, 753, 702, 1368, 2094, 102],
        'token_type_ids': [0, 0, 0, 0, 0, 0, 0, 1, 1, 1, 1, 1, 1],
        'attention_mask': [1, 1, 1, 1, 1, 1, 1, 1, 1, 1, 1, 1, 1]
}
```

input_ids 可以把两个句子拼接在一起，中间使用 ID 为 102 的 token 隔开。使用 token_type_ids 标记两个不同句子的位置。

可以再使用 decode 方法还原这个序列。

```
tokenizer.decode([101, 5018, 671, 702, 1368, 2094, 102, 5018, 753, 702, 1368, 2094, 102])
```
输出如下。

```
'[CLS] 第 一 个 句 子 [SEP] 第 二 个 句 子 [SEP]'
```

关于 attention_mask，如果输入是一个 batch（包含多个数据）并且开启填充，可能有的句子因为不够长而需要填充特殊字符[PAD]。

```
result = tokenizer(["第一句", "第二个句子"], padding=True)
print(result)
```
输出如下。

```
{
        'input_ids': [
                [101, 5018, 671, 1368, 102, 0, 0],
                [101, 5018, 753, 702, 1368, 2094, 102]
        ],
        'token_type_ids': [
                [0, 0, 0, 0, 0, 0, 0],
                [0, 0, 0, 0, 0, 0, 0]
        ],
        'attention_mask': [
                [1, 1, 1, 1, 1, 0, 0],
                [1, 1, 1, 1, 1, 1, 1]
        ]
}
```

attention_mask 可以标记填充的字符。

12.5.5 BERT 的参数

Hugging Face Transformers 中的 BertConfig 类用于描述 BERT 模型的配置。BertModel 是多种 BERT 模型的基类。

1. BertConfig 类

用于描述 BERT 模型的配置，BertConfig 类构造参数如表 12.2 所示。

表 12.2　BertConfig 类构造参数

参数名称	参数说明
vocab_size	词表大小，默认为 30522
hidden_size	隐藏层大小，默认为 768
num_hidden_layers	隐藏层层数，默认为 12
num_attention_heads	multi-head attention 中的 head 数，多个 head 相当于有多组注意力参数，默认为 12
intermediate_size	intermediate（也叫 feed-forward）的大小，默认为 3072
hidden_act	编码器中使用的非线性激活函数，默认为 gelu，还可以选择 gelu、relu、silu、gelu_new
hidden_dropout_prob	全连接层 dropout 的概率，默认为 0.1
attention_probs_dropout_prob	attention 的 dropout 概率，默认为 0.1
max_position_embeddings	position embedding 的最大值，限制模型的最大输入序列长度
type_vocab_size	token_type_ids 的数量，默认为 2
initializer_range	初始化权重的 truncated_normal_initializer 的标准差，默认为 0.02
layer_norm_eps	normalization 层的 eps 参数，默认为 10^{-12}。归一化时该参数会加在分母上防止除零
gradient_checkpointing	开启可以节省内存，但会导致反向传播变慢，默认为 False
position_embedding_type	position embedding 的类型，默认为 absolute，可以选择 absolute、relative_key、relative_key_query

其中，dropout 代表按照一定比例随机丢弃的参数。

2. BertModel 类

BertModel 类的 forward 方法的常用参数如表 12.3 所示。

表 12.3　BertModel 类的 forward 方法的常用参数

参数名称	参数说明
input_ids	类型是 torch.LongTensor
attention_mask	值是 0 或 1，用于标记填充的字符
token_type_ids	类型是 torch.LongTensor，用于标记两个句子，值是 0 或 1
position_ids	用于表示输入的每个元素位置，可选参数，position_ids 值的大小不能超过 config.max_position_embeddings − 1

12.5.6　BERT 的使用

一般可以根据不同的任务选择具体的模型，如文本分类、下一句预测、文本序列标注等都有对应的类，它们都继承于同一个基类，并可以使用相同的预训练参数，但是输入和输出由于任务不同而有所不同。

Hugging Face Transformers 提供针对不同任务的多种模型使构建模型解决具体问题变得很简单。很多情况下甚至无须自定义模型类，而可以直接使用 Hugging Face Transformers 提供的类创建对象。

1. BertForMaskedLM

BertForMaskedLM 是 BERT 的预训练任务之一，实现了 Masked Language Model。

```
from transformers import BertTokenizer, BertForMaskedLM
import torch
tokenizer = BertTokenizer.from_pretrained('bert-base-chinese')
model = BertForMaskedLM.from_pretrained('bert-base-chinese')

inputs = tokenizer(["并广泛动员社会[MASK]方面的力量"], return_tensors="pt")
labels = tokenizer(["并广泛动员社会各方面的力量"], return_tensors="pt")["input_ids"]

outputs = model(**inputs, labels=labels)
loss = outputs.loss
logits = outputs.logits
print(loss, logits.shape)
print(inputs['input_ids'])
print(labels)
```

输出如下。

```
tensor(1.9522, grad_fn=<NllLossBackward>) torch.Size([1, 15, 21128])
tensor([[ 101, 2400, 2408, 3793, 1220, 1447, 4852,  833,  103, 3175, 7481, 4638,
         1213, 7030,  102]])
tensor([[ 101, 2400, 2408, 3793, 1220, 1447, 4852,  833, 1392, 3175, 7481, 4638,
         1213, 7030,  102]])
```

2. BertForNextSentencePrediction

BertForNextSentencePrediction 是用于预测下一个句子的 BERT，预测下一个句子也是 BERT 的预训练任务之一。

```
from transformers import BertTokenizer, BertForNextSentencePrediction
import torch

tokenizer = BertTokenizer.from_pretrained('bert-base-chinese')
model = BertForNextSentencePrediction.from_pretrained('bert-base-chinese')

prompt = "在我的后园，可以看见墙外有两株树，"
next_sentence_1 = "一株是枣树，还有一株也是枣树"
next_sentence_2 = "一九二四年九月十五日"
encoding = tokenizer(prompt, next_sentence_1, return_tensors='pt')
```

```
outputs = model(**encoding, labels=torch.LongTensor([1]))
logits = outputs.logits
print(logits[0, 0], '\n', logits[0, 1], logits.shape)
encoding = tokenizer(prompt, next_sentence_2, return_tensors='pt')
outputs = model(**encoding, labels=torch.LongTensor([1]))
logits = outputs.logits
print(logits[0, 0], '\n', logits[0, 1], logits.shape)
```

输出如下。

```
tensor(5.9707, grad_fn=<SelectBackward>)
 tensor(-5.8925, grad_fn=<SelectBackward>) torch.Size([1, 2])
tensor(1.3399, grad_fn=<SelectBackward>)
 tensor(2.8432, grad_fn=<SelectBackward>) torch.Size([1, 2])
```

模型判断 next_sentence_1 更有可能是 prompt 的后一句，而 next_sentence_2 不大可能是 prompt 的后一句。事实上这些句子来自鲁迅先生的文章《秋夜》，prompt 是该文章的第一句话，而 next_sentence_1 是 prompt 的下一句，next_sentence_2 则是文章末尾的日期。

3. BertForSequenceClassification

BertForSequenceClassification 是用于句子分类的 BERT，用法如下。

```
from transformers import BertTokenizer, BertForSequenceClassification
import torch

tokenizer = BertTokenizer.from_pretrained('bert-base-chinese')
model = BertForSequenceClassification.from_pretrained('bert-base-chinese')

inputs = tokenizer("在我的后园，可以看见墙外有两株树", return_tensors="pt")
labels = torch.tensor([1])  # labels.shape == torch.Size([1])
labels = labels.unsqueeze(0)  # labels.shape == torch.Size([1, 1])
outputs = model(**inputs, labels=labels)
loss = outputs.loss
logits = outputs.logits
```

4. BertForMultipleChoice

BertForMultipleChoice 是用于完成多选问题的 BERT，用法如下。

```
from transformers import BertTokenizer, BertForMultipleChoice
import torch

tokenizer = BertTokenizer.from_pretrained('bert-base-chinese')
model = BertForMultipleChoice.from_pretrained('bert-base-chinese')
prompt = "在我的后园，可以看见墙外有两株树，"
choice1 = "一株是枣树，还有一株也是枣树"
choice2 = "一九二四年九月十五日"
labels = torch.tensor(0).unsqueeze(0)  # 正确答案是第一个，所以 label 是 0
encoding = tokenizer([[prompt, prompt], [choice1, choice2]], return_tensors='pt',
padding=True)
```

```
outputs = model(**{k: v.unsqueeze(0) for k,v in encoding.items()}, labels=labels)
# batch size is 1

# the linear classifier still needs to be trained
loss = outputs.loss
logits = outputs.logits
print(logits)
```

5. BertForTokenClassification

BertForTokenClassification 是用于标记序列中的元素的 BERT 模型，会给序列中每个元素输出一个标签。

```
from transformers import BertTokenizer, BertForTokenClassification
import torch

tokenizer = BertTokenizer.from_pretrained('bert-base-chinese')
model = BertForTokenClassification.from_pretrained('bert-base-chinese')

inputs = tokenizer("一九二四年九月十五日", return_tensors="pt")
labels = torch.tensor([0, 1, 1, 1, 1, 0, 1, 0, 1, 1, 0, 0]).unsqueeze(0)

outputs = model(**inputs, labels=labels)
loss = outputs.loss
logits = outputs.logits
print(logits)
```

输出如下。

```
tensor([[[ 0.5505, -0.3711],
     [ 0.4178, -0.0748],
     [ 0.6827,  0.3734],
     [ 0.2741,  0.4707],
     [ 0.2232,  0.8676],
     [ 0.2036,  0.8050],
     [ 0.6843, -0.0525],
     [ 0.4384, -0.0374],
     [ 0.6261,  0.0455],
     [ 0.3170,  0.4282],
     [ 0.4232, -0.1772],
     [ 0.2822, -0.3205]]], grad_fn=<AddBackward0>)
```

6. BertForQuestionAnswering

BertForQuestionAnswering 是用于完成问答问题的 BERT 模型。

```
from transformers import BertTokenizer, BertForQuestionAnswering
import torch

tokenizer = BertTokenizer.from_pretrained('bert-base-chinese')
model = BertForQuestionAnswering.from_pretrained('bert-base-chinese')
```

```
question, text = "在我的后园，可以看见墙外有两株树，一株是枣树，另一株是什么树？", "也是枣树"
inputs = tokenizer(question, text, return_tensors='pt')

outputs = model(**inputs)
loss = outputs.loss
start_scores = outputs.start_logits
end_scores = outputs.end_logits
```

12.5.7　GPT-2 的参数

与 BERT 系列模型类似，Hugging Face Transformers 中的 GPT-2 模型同样有 GPT-2 Config 类和 GPT2Model 基类。

1.　GPT2Config 类

用于描述 GPT-2 模型的配置，常用构造参数如表 12.4 所示。

表 12.4　GPT2Config 类构造主要参数

参数名称	参数说明
vocab_size	词表大小，默认为 50257
n_positions	模型能处理的最大序列长度，默认为 1024
n_ctx	causal mask 层的维度，通常和 n_positions 相同，默认为 1024
n_embd	Embedding 层和隐藏层的维度，默认为 768
n_layer	隐藏层层数，默认为 12
n_head	multi-head attention 中的 head 数，默认为 12
n_inner	inner feed-forward 层维度，默认为 None，为 n_embd 的 4 倍
activation_function	激活函数，默认为 gelu，可选 gelu、relu、silu、tanh、gelu_new
resid_pdrop	全连接层 dropout 的概率，默认为 0.1
embd_pdrop	Embedding 层 dropout 概率，默认为 0.1
attn_pdrop	attention 的 dropout 概率，默认为 0.1
layer_norm_epsilon	normalization 层的 eps 参数，默认为 1e-5
initializer_range	初始化权重的 truncated_normal_initializer 的标准差，默认为 0.02
summary_type	sequence summary 的参数，默认为"cls_index"。 在 GPT2DoubleHeadsModel 和 TFGPT2DoubleHeadsModel 有效，可选的值如下。 "last": 选取隐藏层状态的最后一个。 "first": 选取隐藏层状态的最后一个（类似 BERT）。 "mean": 隐藏层均值。 "cls_index": 选取[CLS]token 位置

2. GPT2Model 基类

GPT2Model 基类的 forward 方法的常用参数如表 12.5 所示。

表 12.5 GPT2Model 基类的 forward 方法的常用参数

参数名称	参数说明
input_ids	类型是 torch.LongTensor
attention_mask	attention_mask 的值应该是 0 或者 1，用于标记填充的字符
token_type_ids	类型是 torch.LongTensor，用于标记两个句子，值为 0 或 1
position_ids	用于表示输入的每个元素位置，可选参数，position_ids 不能超过 config.max_position_embeddings−1

12.5.8 常见错误及其解决方法

1. AttributeError: module 'tensorflow_core.keras.activations' has no attribute 'swish'

因为系统中有旧版本的 tensorflow。可以更新 tensorflow 或者进入虚拟环境安装 Transformers。

2. In Transformers v4.0.0, the default path to cache downloaded models changed from '~/.cache/torch/transformers' to '~/.cache/huggingface/transformers'

因为新版本的缓存路径发生了改变，已经自动移动缓存内容。

3. AttributeError module 'time' has no attribute 'clock'

Python 3.8 的 time 模块不再有 clock 方法，需要更新库的版本或者降低 Python 版本，又或者手动把 clock 方法指向 perf_counter 方法，就是把 time.perf_counter 赋值给 time.clock。

```
import time
time.clock = time.perf_counter
```
这只是一个临时的解决方案，有助于用较少的改动使代码可以运行，但实际并不推荐使用。

12.6 其他开源中文预训练模型

目前 Hugging Face Transformers 只提供 BERT 的中文版本，但该模型只有 base 规模。想使用其他预训练模型或者想用某些专业领域语料预训练的模型权重还有一些其他选择。

12.6.1 TAL-EduBERT

TAL-EduBERT 是好未来集团在 2020 年发布的预训练模型权重。TAL-EduBERT 在网络结构上采用与 Google BERT Base 相同的结构，包含 12 层的 Transformer 编码器、768 隐藏单元以及 12 个 multi-head attention 的 head。之所以使用这样的网络结构，是因为考虑到实际使用的便捷性和普遍性，方便后续进一步开源其他教育领域 ASR（Automatic Speech Recognition，自动语音识别）预训练语言模型。

可以直接下载 TAL-EduBERT 的预训练权重并使用 Hugging Face Transformers 加载和使用。

12.6.2　Albert

Hugging Face Transformers 目前还没有提供 Albert 的中文预训练权重。但 albert_zh 提供了 Albert 的中文预训练权重。Albert 可以使用更少的内存/显存实现更佳的效果。

12.7　实践：使用 Hugging Face Transformers 中的 BERT 做帖子标题分类

本节将再次使用第 5 章使用过的帖子标题数据做帖子分类，但这次使用 Hugging Face Transformsers 提供的 BERT。

12.7.1　读取数据

先从文件把帖子标题读入列表中。如果使用 Windows 操作系统一般需要指定默认编码，Linux 操作系统默认编码一般是 UTF-8，所以可以不用指定。注意使用 strip 方法去掉空格和换行符。

```python
# 定义两个列表分别存放两个板块的帖子数据
academy_titles = []
job_titles = []
with open('academy_titles.txt', encoding='utf8') as f:
    for l in f:  # 按行读取文件
        academy_titles.append(l.strip())  # strip 方法用于去掉行尾空格和换行符
with open('job_titles.txt', encoding='utf8') as f:
    for l in f:  # 按行读取文件
        job_titles.append(l.strip())  # strip 方法用于去掉行尾空格和换行符
```

合并两个列表并添加 label。

```python
data_list = []
for title in academy_titles:
    data_list.append([title, 0])

for title in job_titles:
    data_list.append([title, 1])
```

可以计算标题的最大长度，但没必要。

```
max_length = 0
for case in data_list:
    max_length = max(max_length, len(case[0])+2)
print(max_length)
```

切分训练集和评估集。

```
from sklearn.model_selection import train_test_split
train_list, dev_list = train_test_split(data_list,test_size=0.3,random_state=15,
shuffle=True)
```

12.7.2 导入包和设置参数

这里导入 torch、transformers 等需要用到的包，并定义训练轮次、batch_size、data_worker 等参数。

```
import os
import time
import random
import torch
import torch.nn.functional as F
from torch import nn
from tqdm import tqdm
import random

from transformers import get_linear_schedule_with_warmup, AdamW
from transformers import BertTokenizer, BertForSequenceClassification

if torch.cuda.is_available():
    # 如果GPU可用则使用GPU
    device = torch.device("cuda")
else:
    device = torch.device("cpu")
max_train_epochs = 5
warmup_proportion = 0.05
gradient_accumulation_steps = 4
train_batch_size = 8
valid_batch_size = train_batch_size
test_batch_size = train_batch_size
data_workers= 2

learning_rate=2e-5
weight_decay=0.01
max_grad_norm=1.0
cur_time = time.strftime("%Y-%m-%d_%H:%M:%S")   # 当前日期、时间字符串
```

12.7.3 定义 Dataset 和 DataLoader

使用 12.5.4 小节中介绍过的 Tokenizer 自动生成 input_ids 和 mask 并按 batch 中最大的数据

长度填充。或者也可按所有数据中的最大句子长度填充。

```
tokenizer = BertTokenizer.from_pretrained('bert-base-chinese')
class MyDataSet(torch.utils.data.Dataset):
    def __init__(self, examples):
        self.examples = examples
    def __len__(self):
        return len(self.examples)
    def __getitem__(self, index):
        example = self.examples[index]
        title = example[0]
        label = example[1]
        # 使用 encode_plus 实现转换 token 和填充等工作
        r = tokenizer.encode_plus(title, max_length=max_length, padding="max_length")
        return title, label, index

def the_collate_fn(batch):
    r = tokenizer([b[0] for b in batch], padding=True)
    input_ids = torch.LongTensor(r['input_ids'])
    attention_mask = torch.LongTensor(r['attention_mask'])
    label = torch.LongTensor([b[1] for b in batch])
    indexs = [b[2] for b in batch] # 生成式语法创建列表
        return input_ids, attention_mask, label, indexs #, token_type_ids

train_dataset = MyDataSet(train_list)
train_data_loader = torch.utils.data.DataLoader(
    train_dataset,
    batch_size=train_batch_size,
    shuffle = True,
    num_workers=data_workers,
    collate_fn=the_collate_fn,
)
dev_dataset = MyDataSet(dev_list)
dev_data_loader = torch.utils.data.DataLoader(
    dev_dataset,
    batch_size=train_batch_size,
    shuffle = False,
    num_workers=data_workers,
    collate_fn=the_collate_fn,
)
```

12.7.4　定义评估函数

与之前相同，这里使用准确率评估模型效果。就是统计分类正确的个数，并求其占全部测试数据个数的比例。

```
def get_score():
    y_true = []
```

```
        y_pred = []
        for step, batch in enumerate(tqdm(dev_data_loader)):
            model.eval()
            with torch.no_grad():
                input_ids, attention_mask = (b.to(device) for b in batch[:2])
            y_true += batch[2].numpy().tolist()
            logist = model(input_ids, attention_mask)[0]
            result = torch.argmax(logist, 1).cpu().numpy().tolist()
            y_pred += result
        correct = 0
        for i in range(len(y_true)):
            if y_true[i] == y_pred[i]:
                correct += 1
        accuracy = correct / len(y_pred)
        return accuracy
```

12.7.5 定义模型

可以直接使用预训练模型 BertForSequenceClassification，而无须重新定义模型，并使用 AdamW 优化器。

```
model = BertForSequenceClassification.from_pretrained('bert-base-chinese')
model.to(device)

t_total = len(train_data_loader) // gradient_accumulation_steps * max_train_epochs + 1
num_warmup_steps = int(warmup_proportion * t_total)
print('warmup steps : %d' % num_warmup_steps)
no_decay = ['bias', 'LayerNorm.weight'] # no_decay = ['bias', 'LayerNorm.bias',
'LayerNorm.weight']
param_optimizer = list(model.named_parameters())
optimizer_grouped_parameters = [
    {'params':[p for n, p in param_optimizer if not any(nd in n for nd in no_decay)],
'weight_decay': weight_decay},
    {'params':[p for n, p in param_optimizer if any(nd in n for nd in no_decay)],'weight_
decay': 0.0}
]
optimizer = AdamW(optimizer_grouped_parameters, lr=learning_rate, correct_bias=False)
scheduler = get_linear_schedule_with_warmup(optimizer, \
        num_warmup_steps=num_warmup_steps, num_training_steps=t_total)
```

12.7.6 训练模型

循环 max_train_epochs 次，在每次循环内通过 train_data_loader 遍历训练数据集，每累积 gradient_accumulation_steps 个 batch 就更新一次模型参数。

```
for epoch in range(max_train_epochs):
    b_time = time.time()  # 记录开始时间
```

```
# 开始训练
model.train()
for step, batch in enumerate(tqdm(train_data_loader)):
    input_ids, attention_mask, label = (b.to(device) for b in batch[:-1])
    loss = model(input_ids, attention_mask, labels=label)
    loss = loss[0]
    loss.backward()
    if (step + 1) % gradient_accumulation_steps == 0:
        optimizer.step()
        scheduler.step()
        optimizer.zero_grad()
    print('Epoch = %d Epoch Mean Loss %.4f Time %.2f min' % (epoch, loss.item(), (time.
time() - b_time)/60))
    print(get_score())
```

输出如下。

```
100%|████████████| 622/622 [00:54<00:00, 11.33it/s]
Epoch = 0 Epoch Mean Loss 0.0039 Time 0.92 min
100%|████████████| 267/267 [00:08<00:00, 30.69it/s]
0.9985935302390999
100%|████████████| 622/622 [00:54<00:00, 11.35it/s]
Epoch = 1 Epoch Mean Loss 0.0013 Time 0.91 min
100%|████████████| 267/267 [00:08<00:00, 30.17it/s]
1.0
100%|████████████| 622/622 [00:55<00:00, 11.21it/s]
Epoch = 2 Epoch Mean Loss 0.0003 Time 0.92 min
100%|████████████| 267/267 [00:08<00:00, 30.61it/s]
0.9995311767463666
100%|████████████| 622/622 [00:55<00:00, 11.29it/s]
Epoch = 3 Epoch Mean Loss 0.0001 Time 0.92 min
100%|████████████| 267/267 [00:08<00:00, 30.31it/s]
1.0
100%|████████████| 622/622 [00:54<00:00, 11.36it/s]
Epoch = 4 Epoch Mean Loss 0.0002 Time 0.91 min
100%|████████████| 267/267 [00:08<00:00, 29.69it/s]
1.0
```

可以看到第 1 个轮次准确率已经到达 0.9985，第 3 个轮次准确率已经到达 1.0。

12.8　小结

本章介绍了多种强大的预训练模型，预训练模型不仅效果好，而且容易训练。通过使用如 Transformers 这样的库能减少使用和定义模型的代码量。

Transformers 提供的自动的预训练权重管理甚至无须手动下载预训练权重和模型配置，仅仅通过模型名称就可定义和初始化预训练模型。

第 4 篇

实战篇

第13章 项目：中文地址解析

本章将使用中文地址数据集"Neural Chinese Address Parsing"完成中文地址解析任务，实现类似于寄快递时自动识别整段文字的地址并划分出"省""市""区""收件人"等字段的功能。该数据集不仅提供数据还提供词向量。本章将使用 BERT 实现上述功能，并把结果展示在 HTML5 应用中。

本章主要涉及的知识点如下。

- ❑ 数据集介绍。
- ❑ 数据处理和加载。
- ❑ 词向量加载。
- ❑ BERT 模型。
- ❑ HTML5 程序开发。

13.1 数据集

本节将介绍数据集下载、加载、统计和预处理的详细步骤。

13.1.1 实验目标与数据集介绍

要使用的数据集来自论文 *Neural Chinese Address Parsing*。该数据集地址是 https://github.com/leodotnet/neural-chinese-address-parsing。

复制该仓库以下载数据集到本地。

```
git clone https://github.com/leodotnet/neural-chinese-address-parsing
```

其中的数据在 data 文件夹下，train.txt、dev.txt 和 test.txt 分别是训练集、评估集和测试集。该训练集有 8957 条数据，测试集和评估集各有 2985 条。另外还有一个标签文件 label.txt，其中包含 21 类标签，分别是 country、prov、city、district、devzone、town、community、road、subroad、roadno、subroadno、poi、subpoi、houseno、cellno、floorno、roomno、person、assist、redundant、otherinfo。

"country" 代表国家。"prov" 代表省。"city" 代表城市。"district" 代表区。"devzone" 是一种非正式行政区划，级别在 district 和 town 之间或者 town 之后，特指经济技术开发区。"town" 代表乡级行政区划，如镇、街道、乡等。"community" 代表社区、自然村。road 代表道路组。"roadno" 代表门牌号、主路号、组号、组号附号。"subroad" 代表子路、支路、辅路，"subroadno" 是它们的编号。

"poi" 和 "subpoi" 代表兴趣点和子兴趣点，即具体地点，如小区、公司的名称。"houseno" 代表楼号。"cellno" 代表单元号。"floorno" 代表楼层号。"roomno" 代表房间号。"person" 代表企业、法人、商铺名等。"assist" 代表辅助定位词，如门口、旁边等。"redundant" 代表重复冗余信息。"otherinfo" 代表其他无法分类的信息。

标签存在较强的顺序关系，按照中文习惯，地址应该从大到小排列，比如通常"省"总是会出现在"市"的前面而不会出现在"市"的后面。该数据集具有以下的顺序关系。

（1）prov > city > district > town > comm　unity> road > roadno > poi > houseno > cellno > floorno > roomno；

（2）district > devzone；

（3）devzone > comm unity；

（4）road > subroad；

（5）poi > subpoi。

在 Linux 操作系统下可使用 head 命令查看各文件的前 5 行内容。首先进入 data 目录，然后使用 head 命令。

```
cd neural-chinese-address-parsing/data/
head -5 *.txt
```

输出如下。

```
==> dev.txt <==
宁 B-city
波 I-city
市 I-city
江 B-district
东 I-district
区 I-district
金 B-road
家 I-road
一 I-road
路 I-road
```

```
==> labels.txt <==
country
prov
city
district
devzone
town
community
road
subroad
roadno

==> test.txt <==
龙  B-town
港  I-town
镇  I-town
泰  B-poi
和  I-poi
小  I-poi
区  I-poi
B  B-houseno
懂  I-houseno
1097 B-roomno

==> train.txt <==
龙  B-town
山  I-town
镇  I-town
慈  B-community
东  I-community
滨  B-redundant
海  I-redundant
区  I-redundant
海  B-road
丰  I-road
```

该数据集的结构是每行一个字加上这个字的标签。B 代表一个标签的开始，I 代表标签的内部。如上面 train.txt 的数据，前 3 行对应的是标签 town，即"龙山镇"对应的标签是"town"。

地址分类的目标是给地址文本的每个字符一个正确的标记，标识出这个字符是地址的哪一部分。

13.1.2　载入数据集

要载入的数据集的结构是每行一个字、两条数据间以空行分隔，可以通过判断空行识别两条数据的边界。

```
def get_data_list(fn):
  with open(fn) as f:
    data_list = []  # 空的数据列表
    token, label = [], []  # 当前数据的字符和标签序列
    for l in f:
      l = l.strip().split()
      if not l:  # 如果 l 为空，说明当前数据结束了
        data_list.append([token, label])
        token, label = [], []
        continue
      token.append(l[0])
      label.append(l[1])
    assert len(token) == 0  # 数据最后一行应该是空行
  return data_list
```

载入 3 部分数据，并统计标签的数量。

```
import collections
train_data = get_data_list('neural-chinese-address-parsing/data/train.txt')
dev_data = get_data_list('neural-chinese-address-parsing/data/dev.txt')
test_data = get_data_list('neural-chinese-address-parsing/data/test.txt')
# 统计标签数量
label_counter = collections.Counter()
all_cnt = 0 #标签的总数
for d in train_data + dev_data + test_data:
    for label in d[1]:
        label_counter[label] += 1
        all_cnt += 1
print(len(label_counter))  # 输出标签种类数
label_list = list(label_counter.items())  # 把 Counter 转换为列表
label_list.sort(key=lambda x:-x[1])  # 按数量排序
# 输出所有标签和标签出现次数、百分比
for label, cnt in label_list:
    print('%12s  %5d  %4.2f %%' % (label, cnt, cnt / all_cnt * 100))
```

输出结果中共有 46 种不同的标签，输出结果是每种标签的名称、出现次数、占总数的百分比和累计占比，如表 13.1 所示。

表 13.1 输出结果

标签名	出现次数	百分比	累计占比
I-poi	81382	32.59%	16.29%
I-road	43140	17.27%	24.93%
I-district	38354	15.36%	32.61%
I-town	30464	12.20%	38.71%
I-city	29646	11.87%	44.64%
I-prov	24606	9.85%	49.57%
B-poi	21054	8.43%	53.78%

续表

标签名	出现次数	百分比	累计占比
B-district	19658	7.87%	57.72%
B-road	17998	7.21%	61.32%
B-city	16198	6.49%	64.57%
B-roadno	14304	5.73%	67.43%
I-subpoi	13336	5.34%	70.10%
I-roadno	13214	5.29%	72.75%
B-town	13160	5.27%	75.38%
B-prov	12752	5.11%	77.93%
B-redundant	11724	4.69%	80.28%
I-redundant	10382	4.16%	82.36%
B-houseno	9828	3.94%	84.33%
I-community	9018	3.61%	86.13%
B-roomno	8818	3.53%	87.90%
I-houseno	8648	3.46%	89.63%
I-person	6776	2.71%	90.99%
I-devZone	4974	1.99%	91.98%
B-subpoi	4766	1.91%	92.94%
B-community	4220	1.69%	93.78%
I-cellno	4188	1.68%	94.62%
B-cellno	3760	1.51%	95.37%
I-floorno	3620	1.45%	96.10%
B-floorno	3592	1.44%	96.82%
I-roomno	3472	1.39%	97.51%
B-assist	2330	0.93%	97.98%
B-person	2130	0.85%	98.40%
I-assist	2116	0.85%	98.83%
I-subRoad	2090	0.84%	99.25%
B-subRoad	1138	0.46%	99.47%
B-devZone	1110	0.44%	99.70%
B-subroadno	624	0.25%	99.82%
I-subroadno	576	0.23%	99.94%
I-country	144	0.06%	99.96%
B-country	138	0.06%	99.99%

标签名	出现次数	百分比	累计占比
B-otherinfo	14	0.01%	99.99%
I-subroad	10	0.00%	100.00%
B-subroad	6	0.00%	100.00%
I-otherinfo	6	0.00%	100.00%
B-subRoadno	2	0.00%	100.00%
I-subRoadno	2	0.00%	100.00%

　　该数据集中标签种类数较多，但有些标签出现次数少、占比低，可以考虑合并或者去掉某些标签以简化问题，有时候可以得到很好的结果。这里把标签分为 4 组。

```
mod_cnt = 0
T0 = ['redundant']
T1 = ['town', 'poi', 'assist']
T2 = ['houseno', 'city', 'district', 'road', 'roadno', 'subpoi', 'subRoad', 'person']
T3 = ['prov']
T4 = ['roomno', 'cellno', 'community', 'devZone', 'subroadno', 'floorno', 'country',
'otherinfo']
# 原有标签
olabels = ['B-assist', 'I-assist', 'B-cellno', 'I-cellno', 'B-city', 'I-city', 'B-
community', 'I-community', 'B-country', 'I-country', 'B-devZone', 'I-devZone', 'B-district',
'I-district', 'B-floorno', 'I-floorno', 'B-houseno', 'I-houseno', 'B-otherinfo', 'I-
otherinfo', 'B-person', 'I-person', 'B-poi', 'I-poi', 'B-prov', 'I-prov', 'B-redundant',
'I-redundant', 'B-road', 'I-road', 'B-roadno', 'I-roadno', 'B-roomno', 'I-roomno', 'B-
subRoad', 'I-subRoad', 'B-subRoadno', 'I-subRoadno', 'B-subpoi', 'I-subpoi', 'B-subroad',
'I-subroad', 'B-subroadno', 'I-subroadno', 'B-town', 'I-town']
# 原有标签和 ID 的对应
olabels2id = {}
for i, l in enumerate(olabels):
    olabels2id[l] = i
labels = ['B-prov', 'I-prov', 'B-city', 'I-city', 'B-district', 'I-district', 'B-
town', 'I-town', 'I-community', 'B-road', 'I-road', 'B-roadno', 'I-roadno', 'B-poi',
'I-poi', 'B-houseno', 'I-houseno', 'I-cellno', 'I-floorno', 'I-roomno', 'B-assist', 'I-
assist', 'I-country', 'I-devZone', 'I-otherinfo', 'B-person', 'I-person', 'B-redundant',
'I-redundant', 'B-subpoi', 'I-subpoi', 'B-subroad', 'I-subroad', 'I-subroadno', ]
print(len(labels))
num_labels = len(labels)

label2id = {}
for i, l in enumerate(labels):
    label2id[l] = i
print(label2id)
remove_labels = T4
def get_data_list(fn):
    global mod_cnt  # 总修改次数
```

```
    # 打开数据文件
    with open(fn) as f:
        # 保存所有数据的列表
    data_list = []
    # 一条数据的 token 和标签
    origin_token, token, label, origin_label = [], [], [], []
    for l in f:
        l = l.strip().split()
        if not l: # 遇到空行说明当前数据结束
            data_list.append([token, label, origin_label, origin_token])
            origin_token, token, label, origin_label = [], [], [], []
            continue
        if l[1] == 'B-subRoadno':
            l[1] = 'B-subroadno'
        elif l[1] == 'I-subRoadno':
            l[1] = 'I-subroadno'
        elif l[1] == 'B-subRoad':
            l[1] = 'B-subroad'
        elif l[1] == 'I-subRoad':
            l[1] = 'I-subroad'
        # 去除某些 B 标签
        ll = l[1]
        if l[1][0] == 'B' and l[1][2:] in remove_labels:
            ll = 'I' + l[1][1:]
            mod_cnt += 1
        if len(l[0]) == 1:
            token.append(l[0])
            label.append(label2id[ll])
        else:
            the_type = ll[1:]
            for i, tok in enumerate(l[0]):
                token.append(tok)
                if i == 0:
                    label.append(label2id[ll])
                else:
                    label.append(label2id['I'+the_type])
        if len(l[0]) == 1:
            origin_label.append(l[1])
        else:
            the_type = l[1][1:]
            for i, tok in enumerate(l[0]):
                if i == 0:
                    origin_label.append(l[1])
                else:
                    origin_label.append('I'+the_type)
        origin_token.append(l[0])
    assert len(token) == 0 # 结束时 token 列表应该为空
    return data_list
```

这里合并一些出现次数较少的标签，再次运行新的载入数据函数并统计剩余标签出现次数。

```
import collections
train_data = get_data_list('neural-chinese-address-parsing/data/train.txt')
dev_data = get_data_list('neural-chinese-address-parsing/data/dev.txt')
test_data = get_data_list('neural-chinese-address-parsing/data/test.txt')
label_counter = collections.Counter()
all_cnt = 0
for d in train_data + dev_data + test_data:
    for label in d[1]:
        label_counter[label] += 1
        all_cnt += 1
print(len(label_counter))
label_list = list(label_counter.items())
label_list.sort(key=lambda x:-x[1])
for label, cnt in label_list:
    print('%12s  %5d  %4.2f %%' % (label, cnt, cnt / all_cnt * 100))
```

代码运行结果显示现在仅剩 34 类标签。新的数据载入函数不仅做了原始标签合并，还根据预处理的结果给每个标签分配了整数 ID。

13.2 词向量

第 8 章介绍过词向量产生的背景和使用方法。本节将介绍从文件加载词向量并使用词向量的具体步骤。

13.2.1 查看词向量文件

"neural-chinese-address-parsing" 仓库中包含两个词向量文件，giga.emb 是二进制格式的文件，data/giga.vec100 是文本格式的文件，包含 6082 个字，每个字的维度是 100。在 Linux 操作系统下可使用 head 命令查看词向量文件的前 5 行。

```
head -5 giga.vec100
```

可以使用命令 head -<希望显示的行数> 查看文本文件前 n 行的内容，以下为使用该命令的输出结果，由于每个词有 100 维，此处为便于展示省略每行末尾的内容。

```
</s> 0.003402 -0.003048 0.001534 0.004083 0.000924 0.002655 ……
，0.100897 0.074423 -0.180892 -0.034690 -0.106979 -0.024775 ……
的 0.039082 -0.056857 -0.134290 0.008174 -0.069822 0.044150 ……
。-0.017778 0.071496 -0.143199 -0.002656 -0.222001 -0.048172 ……
国 -0.114780 -0.128719 -0.112485 -0.150579 -0.030383 0.182883 ……
```

前 5 个词分别是特殊符号 "</s>"、标点符号 ","、汉字 "的"、标点符号 "。"、汉字 "国"。

13.2.2　载入词向量

打开词向量文件逐行访问，并把每个词保存到 Python 词表中。先使用 strip 方法去掉行尾的换行符和空格等，然后根据空格切分，空格前面的是词，后面的是这个词的向量。

```
word_embedding_file = 'neural-chinese-address-parsing/data/giga.vec100'
word2vec = {}
with open(word_embedding_file) as ff:
    for l in ff:
        l = l.strip().split(' ')
        word2vec[l[0]] = [float(x) for x in l[1:]]
print(len(word2vec))
```

代码输出词表长度为：6082。

如果在训练过程中不希望更新词向量，可以直接把词转换为向量再输入模型。如果希望更新词向量则应该把词向量加载到模型 Embedding 层。

13.3　BERT

BERT 模型可以借助预训练参数减少训练时间，并且该模型对语义有很好的理解，可以轻松地实现很好的效果。

13.3.1　导入包和配置

导入常用的包，定义训练模型的设备，训练、测试评估轮次，以及 batch_size、data_worker 等参数。

```
import os
import time
import pickle
import random
import sklearn
import torch
import torch.nn.functional as F
from torch import nn
from tqdm import tqdm
import random

from transformers import AdamW
from transformers import get_linear_schedule_with_warmup

device = torch.device("cuda")
# 最大训练轮次
```

```
max_train_epochs = 6
warmup_proportion = 0.05
gradient_accumulation_steps = 1
# 训练、验证和测试的 batch size
train_batch_size = 32
valid_batch_size = train_batch_size
test_batch_size = train_batch_size
# DataLoader 的进程数量
data_workers= 2
# 是否保存模型检查点
save_checkpoint = False
# 学习率
learning_rate=5e-5
weight_decay=0.01
max_grad_norm=1.0
# 是否使用 apm
use_amp = True
if use_amp:
    import apex
# predict_max_label_len = 10
# 记录当前运行代码的时间
cur_time = time.strftime("%Y-%m-%d_%H:%M:%S")
#数据路径
base_path = 'Neural Chinese Address Parsing/data/'
# 模型选择
model_select = 'roberta'
model_select = 'bert'
model_select = 'albert'
```

可以根据上面选择的模型自动导入相应的包，并进行对应配置。

```
if model_select == 'bert':
    from transformers import BertConfig, BertTokenizer, BertModel, BertForTokenClassification
    pretrain_path= 'pretrain_model/bert-base-chinese/'
    cls_token='[CLS]'
    eos_token='[SEP]'
    unk_token='[UNK]'
    pad_token='[PAD]'
    mask_token='[MASK]'
    config = BertConfig.from_json_file(pretrain_path+'config.json')
    tokenizer = BertTokenizer.from_pretrained(pretrain_path)
    TheModel = BertModel
    ModelForTokenClassification = BertForTokenClassification
elif model_select == 'roberta':
    from transformers import RobertaConfig, RobertaTokenizer, RobertaModel,
RobertaForTokenClassification
    pretrain_path= 'pretrain_model/robert-base-chinese/'
    cls_token="<s>"
    eos_token="</s>"
    unk_token="<unk>"
```

```
        pad_token="<pad>"
        mask_token="<mask>"
        config = RobertaConfig.from_json_file(pretrain_path+'config.json')
        tokenizer = RobertaTokenizer.from_pretrained(pretrain_path)
        TheModel = RobertaModel
        ModelForTokenClassification = RobertaForTokenClassification
else:
        raise NotImplementedError()

eos_id = tokenizer.convert_tokens_to_ids([eos_token])[0]
unk_id = tokenizer.convert_tokens_to_ids([unk_token])[0]
period_id = tokenizer.convert_tokens_to_ids(['.'])[0]
print(model_select, eos_id, unk_id, period_id)
```

任务中需要给每个字符一个标签，所以应该使用 TokenClassification 类。

13.3.2　Dataset 和 DataLoader

BERT 与 LSTM 的 Dataset 和 DataLodaer 大体相似。主要的区别在于 BERT 需要在开头添加[CLS]记号、结尾添加[EOS]记号、填充处添加[PAD]记号。

```
class MyDataSet(torch.utils.data.Dataset):
    def __init__(self, examples):
        self.examples = examples

    def __len__(self):
        return len(self.examples)

    def __getitem__(self, index):
        example = self.examples[index]
        sentence = example[0]
        #vaild_id = example[1]
        label = example[1]

        sentence_len = len(sentence)
        pad_len = max_token_len - sentence_len
        total_len = sentence_len+2

        input_token = [cls_token] + sentence + [eos_token] + [pad_token] * pad_len
        input_ids = tokenizer.convert_tokens_to_ids(input_token)
        attention_mask = [1] + [1] * sentence_len + [1] + [0] * pad_len
        label = [-100] + label + [-100] + [-100] * pad_len
        assert max_token_len + 2 == len(input_ids) == len(attention_mask) == len(input_token)

        return input_ids, attention_mask, sentence_len, label, index

def the_collate_fn(batch):
    sentence_lens = [b[2] for b in batch]
```

```
    total_len = max(sentence_lens)+2
    input_ids = torch.LongTensor([b[0] for b in batch])
    attention_mask = torch.LongTensor([b[1] for b in batch])
    label = torch.LongTensor([b[3] for b in batch])
    input_ids = input_ids[:,:total_len]
    attention_mask = attention_mask[:,:total_len]
    label = label[:,:total_len]

    indexs = [b[4] for b in batch]

    return input_ids, attention_mask, label, sentence_lens, indexs

train_dataset = MyDataSet(train_list)
train_data_loader = torch.utils.data.DataLoader(
    train_dataset,
    batch_size=train_batch_size,
    shuffle = True,
    num_workers=data_workers,
    collate_fn=the_collate_fn,
)
```

可以使用 tokenizer 自动生成 attention_mask 等参数，也可手动生成参数。

13.3.3 定义模型

BERT 的定义非常简洁，在 __init__ 方法中需要根据模型预训练权重初始化 BERT 模型，在 forward 方法中使用 CrossEntropyLoss 函数计算损失。

```
class MyModel(nn.Module):
    def __init__(self, config):
        super(MyModel, self).__init__()
        self.config = config
        self.num_labels = num_labels
        self.bert = TheModel.from_pretrained(pretrain_path)
        self.dropout = torch.nn.Dropout(config.hidden_dropout_prob)
        self.classifier = torch.nn.Linear(config.hidden_size, num_labels)

    def forward(self, input_ids, attention_mask, labels=None):
        outputs = self.bert(input_ids=input_ids, attention_mask=attention_mask)
        sequence_output = outputs[0]

        batch_size, input_len, feature_dim = sequence_output.shape

        sequence_output = self.dropout(sequence_output)
        logits = self.classifier(sequence_output)

        active_loss = attention_mask.view(-1) == 1
        active_logits = logits.view(-1, self.num_labels)[active_loss]
```

```
    if labels is not None:
        loss_fct = torch.nn.CrossEntropyLoss()
        active_labels = labels.view(-1)[active_loss]
        loss = loss_fct(active_logits, active_labels)
        return loss
    else:
        return active_logits
```

如果输入中包含标签则返回 loss，如果输入中不含标签则返回 logits。

13.3.4　训练模型

创建模型和优化器对象，使用 AdamW 优化器。如果使用 Apex 则通过 apex.amp.initialize 函数初始化模型。

```
model = MyModel(config)
model.to(device)
t_total = len(train_data_loader) // gradient_accumulation_steps * max_train_epochs + 1

num_warmup_steps = int(warmup_proportion * t_total)
log('warmup steps : %d' % num_warmup_steps)

no_decay = ['bias', 'LayerNorm.weight'] # no_decay = ['bias', 'LayerNorm.bias',
'LayerNorm.weight']
param_optimizer = list(model.named_parameters())
optimizer_grouped_parameters = [
  {'params':[p for n, p in param_optimizer if not any(nd in n for nd in no_decay)],
'weight_decay': weight_decay},
  {'params':[p for n, p in param_optimizer if any(nd in n for nd in no_decay)],
'weight_decay': 0.0}
]
optimizer = AdamW(optimizer_grouped_parameters, lr=learning_rate, correct_bias=False)
scheduler = get_linear_schedule_with_warmup(optimizer, num_warmup_steps=num_warmup_
steps, num_training_steps=t_total)

if use_amp:
    model, optimizer = apex.amp.initialize(model, optimizer)
```

循环 max_train_epochs 次，每次循环遍历训练集，每个轮次后在测试集上测试结果，把结果写入文件并调用开源测试脚本（conlleval.pl）计算得分。

```
for epoch in range(max_train_epochs):
    # train
    epoch_loss = None
    epoch_step = 0
    start_time = time.time()
    model.train()
```

```
for step, batch in enumerate(tqdm(train_data_loader)):
    input_ids, attention_mask, label = (b.to(device) for b in batch[:-2])
    loss = model(input_ids, attention_mask, label)
    if use_amp:
        with apex.amp.scale_loss(loss, optimizer) as scaled_loss:
            scaled_loss.backward()
    else:
        loss.backward()
    if (step + 1) % gradient_accumulation_steps == 0:
        optimizer.step()
        scheduler.step()
        optimizer.zero_grad()

    if epoch_loss is None:
        epoch_loss = loss.item()
    else:
        epoch_loss = 0.98*epoch_loss + 0.02*loss.item()
    epoch_step += 1

used_time = (time.time() - start_time)/60
log('Epoch = %d Epoch Mean Loss %.4f Time %.2f min' % (epoch, epoch_loss, used_time))
result = eval()
with open('result.txt', 'w') as f:
    for r in result:
        f.write('\t'.join(r) + '\n')
y_true = []
y_pred = []
for r in result:
    if not r: continue
    y_true.append(label2id[r[1]])
    y_pred.append(label2id[r[2]])
print(sklearn.metrics.f1_score(y_true, y_pred, average='micro'))
    !perl conlleval.pl < result.txt
```

每轮训练完成后打印评估结果,最后一轮的评估结果如下。

```
[['龙', 'B-subRoadno', 'B-subRoadno'], ['港', 'I-subRoadno', 'I-subRoadno'], ['镇',
'I-subRoadno', 'I-subRoadno'], ['泰', 'I-houseno', 'B-otherinfo'], ['和', 'B-otherinfo', 'B-
otherinfo'], ['小', 'B-otherinfo', 'B-otherinfo'], ['区', 'B-otherinfo', 'B-otherinfo'], ['B',
'B-district', 'B-district'], ['懂', 'I-district', 'I-district'], ['1', 'B-redundant', 'B-
redundant'], ['0', 'B-redundant', 'B-redundant'], ['9', 'B-redundant', 'B-redundant'],
['7', 'B-redundant', 'B-redundant'], [], ['浙', 'I-otherinfo', 'I-otherinfo'], ['江', 'I-
otherinfo', 'I-otherinfo'], ['省', 'I-otherinfo', 'I-otherinfo'], ['嘉', 'B-city', 'B-city'],
['兴', 'I-city', 'I-city'], ['市', 'I-city', 'I-city']]
0.851548009701812
processed 56072 tokens with 35104 phrases; found: 36704 phrases; correct: 28414.
accuracy:  85.15%; precision:  77.41%; recall:  80.94%; FB1:  79.14
        assist: precision:  68.11%; recall:  52.72%; FB1:  59.43  185
        cellno: precision:  63.48%; recall:  62.93%; FB1:  63.20  575
```

```
       city: precision:  85.32%; recall:  91.88%; FB1:  88.48  1737
  community: precision:  72.53%; recall:  73.20%; FB1:  72.87  1318
    country: precision:  89.18%; recall:  88.72%; FB1:  88.95  2505
    devZone: precision:  88.74%; recall:  92.52%; FB1:  90.59  4264
   district: precision:  48.42%; recall:  63.41%; FB1:  54.91  1235
    floorno: precision:  35.44%; recall:  13.15%; FB1:  19.18  79
    houseno: precision:  70.96%; recall:  68.37%; FB1:  69.64  2741
  otherinfo: precision:  81.54%; recall:  88.47%; FB1:  84.87  10213
     person: precision:  60.49%; recall:  67.99%; FB1:  64.02  1278
        poi: precision:  71.53%; recall:  83.56%; FB1:  77.08  2104
       prov: precision:  73.51%; recall:  87.94%; FB1:  80.08  1676
  redundant: precision:  85.76%; recall:  88.43%; FB1:  87.07  3519
       road: precision:  61.08%; recall:  38.83%; FB1:  47.48  185
     roadno: precision:  44.86%; recall:  26.90%; FB1:  33.63  292
     roomno: precision:  54.56%; recall:  48.08%; FB1:  51.11  1261
    subRoad: precision:  18.99%; recall:  20.00%; FB1:  19.48  79
  subRoadno: precision:  74.97%; recall:  83.56%; FB1:  79.03  1458
```

13.3.5　获取预测结果

遍历测试数据集并预测结果。print_address 函数可以接收一个字符串，并直接把分类结果输出出来。

```
def print_address_info(address):
    # address = "北京市海淀区西土城路 10 号北京邮电大学"
    input_token = [cls_token] + list(address) + [eos_token]
    input_ids = tokenizer.convert_tokens_to_ids(input_token)
    attention_mask = [1] * (len(address) + 2)
    ids = torch.LongTensor([input_ids])
    atten_mask = torch.LongTensor([attention_mask])
    x = model(ids, atten_mask)
    logits = model(ids, atten_mask)
    logits = F.softmax(logits, dim=-1)
    logits = logits.data.cpu()
    rr = torch.argmax(logits, dim=1)
    for i, x in enumerate(rr.numpy().tolist()[1:-1]):
        print(sentence[i], labels[x])
```

下面测试一个地址。

```
get_address('北京市海淀区西土城路 10 号北京邮电大学')
```

输出如下。

```
北 B-city
京 I-city
市 I-city
海 I-country
淀 B-devZone
区 B-devZone
```

```
西 B-poi
土 I-poi
城 I-poi
路 I-poi
1 B-prov
0 I-prov
号 I-prov
北 I-houseno
京 B-otherinfo
邮 B-otherinfo
电 B-otherinfo
大 B-otherinfo
学 B-otherinfo
```

可以看到，该模型识别出了北京市，但是在海淀区和后面一些内容识别中出错了。可以先保存模型的参数。

```
torch.save(model.state_dict(), 'Neural_Chinese_Address_Parsing_BERT_state_dict.pkl')
```

13.4 HTML5 演示程序开发

本节将介绍使用 Flask 框架开发简单的 HTML 程序用于和用户交互，并动态地展现模型效果。第 5 章介绍过使用 Flask 框架开发 Web 应用和 WEB API，但仅介绍了最基础的用法，本节将介绍功能更多的 HTML5 应用程序。

13.4.1 项目结构

典型的 Flask 框架包含 Python 文件，一般创建 main.py 作为程序入口，外加其他文件，如实现模型功能的文件。HTML 模板文件用于生成动态的 HTML 内容，需要通过以 Python 指定的方法进行渲染。静态文件通常是原样呈现给用户的，如前端使用的 css、js 脚本，图片、音频等资源文件。

先创建 main.py 文件、templates 文件夹和 static 文件夹。

templates 文件夹用于存放 HTML 模板文件，statics 文件夹用于存放静态文件。

```
from flask import Flask, request, render_template, session, redirect, url_for
app = Flask(__name__)

if __name__=='__main__':
    app.run(host='0.0.0.0', port=1234)
```

这已经是一个最简单的 Flask 程序，可以监听本机所有 IP 地址的 TCP 1234 端口，并可以返回 static 目录下的文件。本机可通过访问 http://127.0.0.1:1234 打开这个 Flask 程序创建的网页。static 目录对应的 URL 是 http://127.0.0.1:1234/static/。若在 static 目录下创建文本文件 1.txt，并写入"hello"，在 http://127.0.0.1:1234/static/1.txt 可以看到文字"hello"。

除了 static 目录下文件实现的功能以外的功能都需要写新的代码来实现。

注意：这里监听的是"0.0.0.0"，会允许其他机器通过本机的任意 IP 访问该程序。如果想指定一个 IP，可在这里写具体 IP，如果只允许本机访问可写为"127.0.0.1"。

13.4.2　HTML5 界面

在 templates 目录下创建 index.html 文件，并写入如下内容以创建基本界面。使用 HTML 定义基本界面元素，并引入第三方库。

```
<!DOCTYPE html>
<html lang="zh">
 <head>
  <meta charset="utf-8">
  <meta name="viewport" content="width=device-width, initial-scale=1, shrink-to-fit=no">
  <link rel="stylesheet" href="https://maxcdn.bootstrapcdn.com/bootstrap/4.0.0-alpha.6/css/
    bootstrap.min.css" crossorigin="anonymous">
 </head>
 <body>
  <div class="container">
        <div class="jumbotron jumbotron-fluid">
          <div class="container">
            <h1 class="display-3">地址自动解析</h1>
            <p class="lead">基于深度学习的中文地址自动解析</p>
          </div>
        </div>
        <label for="province">省/直辖市/自治区/特别行政区</label>
        <div class="input-group">
        <input type="text" class="form-control" id="province" aria-describedby=
"basic-addon1">
          <span class="input-group-addon" id="basic-addon1">省/市/自治区/特别行政区</span>
        </div>
        <label for="city">城市</label>
        <div class="input-group">
         <input type="text" class="form-control" id="city" aria-describedby="basic-
addon2">
         <span class="input-group-addon" id="basic-addon2">市</span>
        </div>
        <label for="district">区</label>
        <div class="input-group">
         <input type="text" class="form-control" id="district" aria-describedby="
basic-addon3">
         <span class="input-group-addon" id="basic-addon3">区</span>
        </div>
        <label for="street">街道</label>
        <div class="input-group">
         <input type="text" class="form-control" id="street" aria-describedby=
"basic-addon4">
```

```
            <span class="input-group-addon" id="basic-addon4">街道</span>
        </div>
        <div class="form-group">
        <label for="exampleTextarea">智能解析</label>
        <textarea class="form-control" id="text" rows="5"></textarea>
    </div>
        <button type="submit" class="btn btn-success">解析</button>
    </div>
    <script src="https://code.jquery.com/jquery-3.1.1.slim.min.js"
            crossorigin="anonymous"></script>
    <script src="https://cdnjs.cloudflare.com/ajax/libs/tether/1.4.0/js/tether.min.js"
            crossorigin="anonymous"></script>
    <script src="https://maxcdn.bootstrapcdn.com/bootstrap/4.0.0-alpha.6/js/bootstrap.min.js"
            crossorigin="anonymous"></script>
    </body>
</html>
```

这里使用 Bootstrap 库美化前端界面，并定义一个大标题。界面中的 4 个文本框分别是“省/直辖市/自治区/特别行政区”“城市”“区”“街道”，其中的内容可以手动填写，也可以由模型解析整段地址后自动填写。

界面的下方是“智能解析”文本框，可以粘贴或输入大段文字，界面的最下方是“解析”按钮。我们希望实现单击“解析”按钮后自动上传文本框内的字符到服务器，服务器调用模型解析地址文本并把解析完成的结果返回前端，前端再按照服务器解析的结果把相应内容填入对应的文本框。

在 mian.py 文件中写入该界面的入口。

```
@app.route('/')
def index():
    return render_template('index.html')
```

再次运行 main.py 文件，访问 http://127.0.0.1:1234，界面效果如图 13.1 所示。

图 13.1　界面效果

现在的界面只能进行手动输入，单击"解析"按钮没有任何反应。下一步，需要给前端绑定事件。

13.4.3　创建前端事件

使用 JavaScript 语言定义向服务器发送地址字符串，接收服务器返回的结果，并更新前端界面的操作。在 index.html 文件的倒数第一行</html>和倒数第二行</body>之间插入以下代码。

```
<script>
function get_result() {
    alert("准备向服务器发送请求解析地址文本！");
    let xhr = new XMLHttpRequest();
    xhr.open('GET', '/parse_address/?addr=' + text.value);
  xhr.send();
  xhr.onreadystatechange = function(){
      if ( xhr.readyState == 4) {
              if (xhr.status == 200) {
              let result = JSON.parse(xhr.responseText);
                  province.value = result['province'];
                  city.value = result['city'];
                  district.value = result['district'];
                  street.value = result['street'];
              }
          else {
              alert( xhr.responseText );
              }
      }
  };
}
</script>
```

这段代码使用 XMLHttpRequest 对象和服务器通信，发送文本框中的内容，服务器返回数据后更新第 13.4.2 小节介绍的 4 个输入框。

还需要把这段代码中的函数绑定到单击"解析"按钮的事件上，保证单击"解析"按钮时调用这个函数。找到定义"解析"按钮的代码。

```
<button type="submit" class="btn btn-success">解析</button>
```

改为如下代码。

```
<button type="submit" class="btn btn-success" onclick="get_result()">解析</button>
```

重启 main.py 文件以刷新界面，单击"解析"按钮，先后出现两个提示弹窗，如图 13.2 和图 13.3 所示。

第一个提示是正常提示，说明这个事件已经被触发，第二个提示说明服务器并没有正确返回数据。

图 13.2　准备发送请求的提示　　　　　　　　图 13.3　遇到错误的提示

注意： 图 13.3 中的错误提示是 Flask 框架默认的错误提示，404 错误表示页面未找到，因为后端没有定义相应的 URL。

13.4.4　服务器逻辑

实现服务器端的逻辑，包括接收数据、载入模型、运行模型、解析结果、返回数据。

首先创建一个新的文件 model.py 用于存放模型相关代码，这里我们使用第 13.3 节中保存的 BERT 模型参数。在 model.py 文件中写入如下内容。

导入需要使用的包。

```
import os
import time
import torch
import torch.nn.functional as F
from torch import nn
from tqdm import tqdm
from transformers import AdamW
from transformers import get_linear_schedule_with_warmup
device = torch.device("cpu")
```

包括 BERT 模型相关的包和一些参数。

```
from transformers import BertConfig, BertTokenizer, BertModel, BertForTokenClassification
cls_token='[CLS]'
eos_token='[SEP]'
unk_token='[UNK]'
pad_token='[PAD]'
mask_token='[MASK]'
tokenizer = BertTokenizer.from_pretrained('bert-base-chinese')
TheModel = BertModel
ModelForTokenClassification = BertForTokenClassification
```

定义标签。

```
labels = ['B-assist', 'I-assist', 'B-cellno', 'I-cellno', 'B-city', 'I-city', 'B-
community', 'I-community', 'B-country', 'I-country', 'B-devZone', 'I-devZone', 'B-district',
'I-district', 'B-floorno', 'I-floorno', 'B-houseno', 'I-houseno', 'B-otherinfo', 'I-otherinfo',
```

```
'B-person', 'I-person', 'B-poi', 'I-poi', 'B-prov', 'I-prov', 'B-redundant', 'I-redundant',
'B-road', 'I-road', 'B-roadno', 'I-roadno', 'B-roomno', 'I-roomno', 'B-subRoad', 'I-
subRoad', 'B-subRoadno', 'I-subRoadno', 'B-subpoi', 'I-subpoi', 'B-subroad', 'I-subroad',
'B-subroadno', 'I-subroadno', 'B-town', 'I-town']
label2id = {}
for i, l in enumerate(labels):
    label2id[l] = i
num_labels = len(labels)
```

定义模型。

```
config = BertConfig.from_pretrained('bert-base-chinese')
class BertForSeqTagging(ModelForTokenClassification):
    def __init__(self):
        super().__init__(config)
        self.num_labels = num_labels
        self.bert = TheModel.from_pretrained('bert-base-chinese')
        self.dropout = torch.nn.Dropout(config.hidden_dropout_prob)
        self.classifier = torch.nn.Linear(config.hidden_size, num_labels)
        self.init_weights()

    def forward(self, input_ids, attention_mask, labels=None):
        outputs = self.bert(input_ids=input_ids, attention_mask=attention_mask)
        sequence_output = outputs[0]
        batch_size, max_len, feature_dim = sequence_output.shape
        sequence_output = self.dropout(sequence_output)
        logits = self.classifier(sequence_output)
        active_loss = attention_mask.view(-1) == 1
        active_logits = logits.view(-1, self.num_labels)[active_loss]

        if labels is not None:
            loss_fct = torch.nn.CrossEntropyLoss()
            active_labels = labels.view(-1)[active_loss]
            loss = loss_fct(active_logits, active_labels)
            return loss
        else:
            return active_logits
```

创建模型对象。

```
model = BertForSeqTagging()
model.to(device)
```

载入模型文件。

```
model.load_state_dict(torch.load('Neural_Chinese_Address_Parsing_BERT_state_dict.pkl',
 map_location=torch.device('cpu')))
```

这里选择 CPU 环境，需要添加参数 map_location=torch.device('cpu')。

把 13.3.5 小节中的获取结果函数由 print_address_info 修改为 get_address_info。

```
def get_address_info(address):
    # address = "北京市海淀区西土城路 10 号北京邮电大学"
    input_token = [cls_token] + list(address) + [eos_token]
```

```
input_ids = tokenizer.convert_tokens_to_ids(input_token)
attention_mask = [1] * (len(address) + 2)
ids = torch.LongTensor([input_ids])
atten_mask = torch.LongTensor([attention_mask])
x = model(ids, atten_mask)
logits = model(ids, atten_mask)
logits = F.softmax(logits, dim=-1)
logits = logits.data.cpu()
rr = torch.argmax(logits, dim=1)
import collections
r = collections.defaultdict(list)
for i, x in enumerate(rr.numpy().tolist()[1:-1]):
    r[labels[x][2:]].append(address[i])
return r
```

测试模型的效果。

```
get_address_info('北京市海淀区西土城路 10 号北京邮电大学')
```

输出如下。

```
defaultdict(list,
        {'city': ['北', '京', '市'],
        'country': ['海'],
        'devZone': ['淀', '区'],
        'poi': ['西', '土', '城', '路'],
        'prov': ['1', '0', '号'],
        'houseno': ['北'],
        'otherinfo': ['京', '邮', '电', '大', '学']})
```

注意: 这里模型把"海淀区"识别错误了,真正的 poi"北京邮电大学"被识别成了 otherinfo,真正的道路名称却成了 poi。

修改 mian.py 的代码。

```
from flask import Flask, request, render_template, session, redirect, url_for
from model import get_address_info

app = Flask(__name__)

@app.route('/')
def index():
    return render_template('index.html')

@app.route('/parse_address/')
def parse_address():
    addr = request.args.get('addr', None)
    r = get_address_info(addr)
    for k in r:
        r[k] = ''.join(r[k])
    return r
```

```
if __name__=='__main__':
    app.run(host='0.0.0.0', port=1234)
```

同时修改前端代码对后端数据的解析部分。

```
 <script>
function get_result() {
    alert("准备向服务器发送请求解析地址文本！");
    let xhr = new XMLHttpRequest();
    xhr.open('GET', '/parse_address/?addr=' + text.value);
  xhr.send();
    xhr.onreadystatechange = function(){
        if ( xhr.readyState == 4) {
                if (xhr.status == 200) {
                let result = JSON.parse(xhr.responseText);
                    province.value = result['prov'];
                    city.value = result['city'];
                    district.value = result['district']||result['devZone'];
                    street.value = result['road'] || result['subRoad'];
                }
            else {
                alert( xhr.responseText );
                }
            }
    };
}
</script>
```

最终界面效果如图 13.4 所示。

图 13.4　最终界面效果

注意：这里用户界面的字段比较少，而且没有依照原数据中的标签数量设置字段，所以存在字段不对应的问题，影响使用效果，可以尝试在训练数据中对标签进行进一步合并。

13.5 小结

本章介绍了使用 BERT 模型完成中文地址解析的任务，同时开发了一个 HTML5 的用户界面方便用户与模型交互。第 14 章将采用类似的形式实现一个生成模型，分别尝试使用 LSTM、Transformer 和 GPT-2 模型生成诗文。

除了使用 BERT 模型外，本章的任务还可以使用 B iLSTM-CRF 模型完成，BiLSTM（Bidirectional LSTM）指双向 LSTM 模型，CRF（Conditional Random Field）指条件随机场，该模型可以学习标签的顺序关系，比较适合解决本章中的问题，读者若有兴趣可自行尝试。

第 14 章　项目：诗句补充

本章将使用中国古诗词数据集 "chinese-poetry" 完成诗句补充任务，将分别通过 LSTM、Transformer 和 GPT-2 这 3 种模型，实现自动对诗的程序。最终的程序是一个可以跟用户互动的 HTML5 应用程序，可以在计算机或手机上运行。

本章主要涉及的知识点如下。

- ❏　数据集介绍。
- ❏　数据处理和加载。
- ❏　LSTM 模型。
- ❏　Transformer 模型。
- ❏　GPT-2 模型。
- ❏　可视化界面开发。

14.1　了解 chinese-poetry 数据集

chinese-poetry 数据集是发布在 GitHub 的中国古诗词数据集，采用 MIT 开源协议，可以自由使用。该数据集数据以 JSON 格式发布便于使用和处理。

14.1.1　下载 chinese-poetry 数据集

chinese-poetry 数据集仓库地址：https://github.com/chinese-poetry/chinese-poetry。

下载 chinese-poetry 数据集，即复制仓库，命令如下。

```
git clone https://github.com/chinese-poetry/chinese-poetry
```

整个仓库的大小超过 500MB。其中 json 文件夹中是《全唐诗》和《全宋诗》，内容为繁体中文，包含数百个 json 文件，命名格式是 poet.tang.编号.json 和 poet.song.编号.json。

ci 文件夹中是《全宋词》，其中有 23 个 json 文件包含内容，有 1 个文件包含作者信息，内容为简体中文。

　　caocaoshiji 文件夹中是 "曹操诗集"。lunyu 文件夹中是《论语》。mengxue 文件夹中是《三字经》《百家姓》《千字文》等蒙学经典。Shijing 文件夹中是《诗经》，内容为简体中文。Sishuwujing 文件夹中是 "四书五经"。Wudai 文件夹中是五代十国时期的诗词，包含《花间集》和《南唐二主词》。youmengying 文件夹中是《幽梦影》。yuanqu 文件夹中是元曲。

14.1.2　探索 chinese-poetry 数据集

　　打开文件名为 "poet.tang.0.json" 的 json 文件，编码是 UTF-8。使用 Windows 操作系统时注意指定文件编码。

```
import json
f = open('chinese-poetry/json/poet.tang.0.json', encoding='utf8')
data = json.load(f)   # load 函数接收文件对象，loads 函数接收字符串
```

查看数据类型和长度。

```
print(type(data), len(data))
```

输出如下。

```
<class 'list'> 1000
```

查看第一个数据。

```
print(data[0])
```

输出如下。

```
{
        'author': '太宗皇帝',
        'paragraphs': [
                '秦川雄帝宅，函谷壯皇居。',
                '綺殿千尋起，離宮百雉餘。',
                '連薨遙接漢，飛觀迥凌虛。',
                '雲日隱層闕，風煙出綺疎。'
        ],
        'title': '帝京篇十首 一',
        'id': '3ad6d468-7ff1-4a7b-8b24-a27d70d00ed4'
}
```

数据中的诗的正文都是繁体字，可以使用繁简字对照表完成繁简转换。这里使用 funNLP 仓库提供的繁简字对照表，该对照表地址：https://github.com/fighting41love/funNLP/blob/master/data/繁简体转换词库/fanjian_suoyin.txt/fanjian_suoyin.txt。

　　下载好该对照表后打开文件，逐行读入并加载到 dict 中以便查找。

```
f2j = {}   # 繁体字到简体字的转换
with open('fanjian_suoyin.txt', encoding='utf8') as ffj:
    for l in ffj:
        fan, jian = l.strip().split('\t')
        f2j[fan] = jian
```

代码 f2j['尋'] 可以得到"尋"对应的简体字"寻"。如果把载入词表的顺序颠倒过来可以实现简体字到繁体字的转换，但是这样无法处理不在词表中的词。可编写函数实现繁体中文句子转换为简体中文句子的功能。

注意：这里使用的繁简字对照表来自开源仓库，但是该对照表似乎并不是很准确，下文将介绍我们在实验中偶然发现的该对照表遗漏的字。

```
def f2jconv(fan):
  ls = []
  for ch in fan:
    if ch not in f2j:
      ls.append(ch)
#         print('not found', ch)
      continue
    ls.append(f2j[ch])
  return ''.join(ls)
```

测试函数效果。

```
print(''.join(data[0]['paragraphs']))
print(f2jconv(''.join(data[0]['paragraphs'])))
```

输出的结果如下。

秦川雄帝宅，函谷壯皇居。綺殿千尋起，離宮百雉餘。連甍遙接漢，飛觀迥凌虛。雲日隱層闕，風煙出綺疎。
秦川雄帝宅，函谷壮皇居。绮殿千寻起，离宫百雉馀。连甍遥接汉，飞观迥凌虚。云日隐层阙，风烟出绮疎。

有两个包含作者信息的文件：author.tang.json 和 author.song.json，本项目中不会用到。

14.2　准备训练数据

根据任务要求选取合适的数据，并对数据做统一的处理，比如繁简字转换等。剔除有问题的数据，保证训练集的准确性。

14.2.1　选择数据源

诗和词、曲相比更加"规整"，因为诗中的句子往往字数相同，而且可能有对偶的关系。所以可以从诗入手。这里选择《全唐诗》《全宋诗》和《诗经》。

14.2.2　载入内存

先把数据载入内存。由于文件很多，可以先通过 os.listdir 函数得到文件名列表。注意数据文件的相对路径。

```
import os
path = 'chinese-poetry/json/'
f_list = os.listdir(path)  # 获取path指向的路径中的所有文件（也包括目录，但该路径下没有目录）
```

　　然后遍历文件名以载入数据，可以根据文件名前缀判断该文件的内容属于《全唐诗》或者《全宋诗》，或者《诗经》。载入数据的时候分句子载入，并不保留篇章关系，把所有的句子都混在一起。句子加入列表前先进行繁简字转换，保证加载到列表中的数据都是简体字。

```
tang = []
for f in f_list:
    if f.startswith('poet.tang.'):  # poet.tang前缀开头的是唐诗
        with open(path + f, encoding='utf8') as f:
            d = json.load(f)
            for p in d:
                for line in p['paragraphs']:  # 按行读取
                    tang.append(f2jconv(line))
song = []
for f in f_list:
    if f.startswith('poet.song.'):  # poet.song前缀开头的是宋诗
        with open(path + f, encoding='utf8') as f:
            d = json.load(f)
            for p in d:
                for line in p['paragraphs']:
                    tang.append(f2jconv(line))
```

　　载入数据耗时 10 秒左右。打印两个列表的长度。

```
print(len(tang), len(song))
```

输出的结果如下。

```
(267697, 1099146)
```

　　《全唐诗》数据中有 26 万句，《全宋词》109 万句。再分别查看两个数据的前 5 句。

```
print(tang[:5], song[:5])
```

输出的结果如下。

```
['秦川雄帝宅，函谷壮皇居。', '绮殿千寻起，离宫百雉馀。', '连甍遥接汉，飞观迥凌虚。', '云日隐层阙，风烟出绮疎。', '□廊罢机务，崇文聊驻辇。'] ['欲出未出光辣达，千山万山如火发。', '须臾走向天上来，逐却残星赶却月。', '未离海底千山黑，才到天中万国明。', '满目江山四望幽，白云高卷嶂烟收。', '日回禽影穿疏木，风递猿声入小楼。']
```

　　其中有一个不能正常显示的字，之后可以考虑去掉这种不能正常显示的字。

14.2.3　切分句子

　　下一步是去掉标点，并把一句中的上、下子句分开，同时校验是否有上、下两句长度不同的情况。

```
def split_sentence(sentence_list):
    result = []
    errs = []
```

```
        for s in sentence_list:
            if s[-1] not in ',。':  # 去掉不以句号，逗号结尾的诗句
                errs.append(s)
                continue
            if ',' not in s:  # 去掉中间不含逗号或问号的诗句
                if '?' not in s:
                    errs.append(s)
                    continue
                else:
                    try:
                        s1, s2 = s[:-1].split('?')
                    except ValueError:  # 如果不能分割成上、下两句则丢弃数据
                        errs.append(s)
                        continue
            else:
                try:
                    s1, s2 = s[:-1].split(',')
                except ValueError:
                    errs.append(s)
                    continue
            if len(s1) != len(s2):  # 分割出的两句长度不同则丢弃数据
                errs.append(s)
                continue
            result.append([s1, s2])
    return result, errs
```

以上代码已经考虑了很多异常情况，如上下句不等长、句中以"？"而不是"，"分隔等，但还可能有很多其他异常情况没有考虑到。

先测试《全唐诗》数据。

```
r, e = split_sentence(tang)
print(len(r), len(e))
```

结果如下。

```
245105 22592
```

有 24 万多条正常的数据，2 万多条异常的数据，再检查异常数据。

```
print(e[:10])
```

结果如下。

```
['醽醁胜兰生，翠涛过玉{睿/八|又/韭}。', '太常具礼方告成。', '近日毛虽暖闻弦心已惊。', '屏欲除奢政返淳。', '如何昔朱邸，今此作离宫？雁沼澄澜翠，猿口落照红。', '蔼周庐兮，冒霜停雪，以茂以悦。', '恣卷舒兮，连枝同荣，吐绿含英。', '曜春初兮，蓐收御节，寒露微结。', '气清虚兮，桂宫兰殿，唯所息宴。', '栖雍渠兮，行摇飞鸣，急难有情。']
```

第一句出现异常情况的原因是生僻字通过组合的方式表示，这个规则在 json 文件夹下的"表面结构字.json"文件中有介绍。这里不细究，因为出现该类异常情况的句子数量不多，而且这种生僻字本身对模型功能的影响可能也不太大。

其他异常情况出现的原因是每句包含多个子句，由于出现该类异常情况的句子数量也不太

多，所以可以直接忽略。

再测试《全宋诗》数据。

```
r, e = split_sentence(song)
```
代码报错如下。

```
IndexError Traceback (most recent call last)
<ipython-input-58-d959987dd223> in <module>
----> 1 r2, e2 = split_sentence(song)

<ipython-input-52-79f9f140bdd8> in split_sentence(sentence_list)
    3    errs = []
    4    for s in sentence_list:
----> 5        if s[-1] not in ',。':
    6            errs.append(s)
    7            continue

IndexError: string index out of range
```

[-1]索引代表字符串最后一个字符，报错说明这个字符串是空串。上面的代码没有考虑这个情况，所以做出如下修改。

```
def split_sentence(sentence_list):
    result = []
    errs = []
    for s in sentence_list:
        if not s:  # 跳过空串
            continue
        if s[-1] not in ',。':
            errs.append(s)
            continue
        if ',' not in s:
            if '? ' not in s:
                errs.append(s)
                continue
            else:
                try:
                    s1, s2 = s[:-1].split('? ')
                except ValueError:
                    errs.append(s)
                    continue
        else:
            try:
                s1, s2 = s[:-1].split(', ')
            except ValueError:
                errs.append(s)
                continue
        if len(s1) != len(s2):
            errs.append(s)
```

```
        continue
    result.append([s1, s2])
  return result, errs
```

如果遇到空串则直接跳过。再次测试《全宋诗》数据。

```
r2, e2 = split_sentence(song)
print(len(r2), len(e2))
```

结果如下。

```
1078714 20430
```

有 2 万多条异常的数据。再查看异常数据。

```
print(e2[:10])
```

结果如下。

```
['片逐银蟾落醉觥。', '寒艳芳姿色尽明。', '谏晋主不从作。', '三四君子只是争些闲气，争如臣向青山顶头。',
'管什玉兔东昇，红轮西坠。', '圆如珠，赤如丹，倘能擘破分喫了，争不惭愧洞庭山。', '乞与金钟病眼明。',
'定为父，慧为母，能孕千圣之门户。', '定为将，慧为相，能弱心王成无上。', '定如月，光烁外道邪星灭。']
```

出错的数据与之前情况类似，所以也不做修改，直接舍弃这些数据。

14.2.4　统计字频

统计字符出现的频率，可以帮助筛选数据、去掉不常用甚至是出错的字符。使用 collections 中的 Counter 对象可以方便地完成该任务，Counter 对象类似于词表，但有默认值。

```
import collections
def static_tf(s_list):
  wd = collections.Counter()   # Counter 对象未初始化的 key 对应值为 0
  for w in s_list:
      for x in w:
      for ch in x:
          wd[ch] += 1
  return wd
```

尝试统计《全唐诗》的字符出现的频率。

```
wd = static_tf(r)
print(len(wd))
```

结果如下。

```
8116
```

一共出现 8116 个字。

排序并输出出现次数前 10 名的字。

```
wlist = list(wd.items())
wlist.sort(key=lambda x:-x[1])
wlist[:10]
```

结果如下。

```
[('不', 28042),
 ('人', 22164),
 ('无', 17555),
 ('山', 16905),
 ('一', 16585),
 ('风', 16202),
 ('日', 15544),
 ('云', 14179),
 ('有', 13602),
 ('来', 13050)]
```

查看出现次数最少的 20 个字。

```
wlist = list(wd.items())
wlist.sort(key=lambda x:-x[1])
wlist[-20:]
```

结果如下。

```
[('毒', 1),
 ('簑', 1),
 ('羢', 1),
 ('鲭', 1),
 ('饴', 1),
 ('堌', 1),
 ('涑', 1),
 ('锈', 1),
 ('襃', 1),
 ('穑', 1),
 ('蠹', 1),
 ('袗', 1),
 ('忦', 1),
 ('碃', 1),
 ('嵩', 1),
 ('裼', 1),
 ('璩', 1),
 ('滦', 1),
 ('峷', 1),
 ('桝', 1)]
```

这些字符都仅出现过一次。

再输出仅出现 1 次，2 次，……，20 次的字的个数及其占总字数的百分比。

```
for i in range(1, 15):
    c = 0
    for k in wd:
        if wd[k] == i:
            c += 1
    print(i, c, '%.2f%%' % (c/len(wd)*100))
```

结果如下。

```
1 1287 15.86%
2 561 6.91%
3 337 4.15%
4 255 3.14%
5 210 2.59%
6 155 1.91%
7 111 1.37%
8 138 1.70%
9 112 1.38%
10 93 1.15%
11 95 1.17%
12 91 1.12%
13 88 1.08%
14 67 0.83%
```

去掉所有出现次数小于 10 的字，并查看该操作会影响数据集中多少的数据。因为这些字对模型的意义不大，但我们不希望损失太多数据。该代码执行速度可能较慢，所以使用 tqdm 显示进度。

```
from tqdm import tqdm
char2remove = []
for k in wd:
    if wd[k] < 10:
        char2remove.append(k)
print('要删除的字符数: ', len(char2remove))
c = 0
for s in tqdm(r):
    f = True
    for ch in char2remove:
        if ch in s[0] or ch in s[1]:
            f = False
            break
    if f:
        c += 1
print(c / len(r))
```

输出如下。

```
要删除的字符数: 3166
100%|██████████████████████| 245105/245105 [02:16<00:00, 1796.22it/s]
0.9675812406927643
```

要删除 3.2%的数据，可以接受。只是代码运行速度比较慢，耗时 2 分钟。

14.2.5　删除低频字所在诗句

把第 14.2.4 小节代码整合就是删除低频字所在诗句的代码。先统计字频，然后找出要删除的字，最后找出包含要删除的字的诗句。

```
import collections
from tqdm import tqdm
```

```
def static_tf(s_list):
  wd = collections.Counter()
  for w in s_list:
     for x in w:
        for ch in x:
           wd[ch] += 1
  return wd
def remove_low_freq_wd(r, cnt=10):
  wd = static_tf(r)
  char2remove = []
  for k in wd:
     if wd[k] < cnt:
        char2remove.append(k)
  print('要删除的字符数: ', len(char2remove))
  new_r = []
  for s in tqdm(r):
     f = True
     for ch in char2remove:
        if ch in s[0] or ch in s[1]:
           f = False
           break
     if f:
        new_r.append(s)
  print(c / len(r))
  return new_r
```

在《全唐诗》数据集中运行这段代码。

```
new_r = remove_low_freq_wd(r)
```

可以得到去除低频字所在诗句的更精简的数据。

14.2.6　词到 ID 的转换

统计出现的所有的字，并给每个字一个唯一的 ID，然后把映射关系存到字典和列表中，字典用于实现字到 ID 的转换，列表用于实现 ID 到字的转换。

```
w2id = {'<unk>': 0}
id2w = ['<unk>']
i = 1
for s in new_r:
  for x in s:
     for ch in x:
        if ch not in w2id:
           w2id[ch] = i
           i += 1
           id2w.append(ch)
print(len(w2id))
```

这里添加特殊字<unk>，位于词表开头，ID 是 0。代码输出的结果如下。

4949

由于去掉低频字，所以词表长度仅为 4949。

实现基本的 LSTM

先实现一个基本的 LSTM，然后基于这个模型进行一系列改进，实现执行效率和模型效果的提升。因为输入数据和输出数据分别是诗的上半句和下半句，且长度总是相等的，所以可以使用 LSTM。

需要处理的一个问题是诗句长度并不都是一致的，如五言诗和七言诗的长度不一致，如果一个 batch 中的诗句长度不一致则需要填充短的诗句。

14.3.1 把处理好的数据和词表存入文件

为了便于工作，可以把之前预处理的数据结果保存到文件。因为数据量较大，且预处理耗时较多，如果每次训练模型都重新预处理则耗时太多。

为了方便数据加载时的填充和模型训练，我们不希望不同的句子长度差距太大。统计《全唐诗》数据中的句子长度的分布情况。

```
import collections
c = collections.Counter()
for d in r:
    c[len(d[0])] += 1
print(c)
```

结果如下。

```
Counter({5: 160575,
    7: 76419,
    4: 5524,
    9: 65,
    3: 996,
    6: 1230,
    8: 120,
    10: 25,
    14: 17,
    11: 9,
    1: 15,
    2: 40,
    12: 24,
    13: 9,
    15: 10,
    16: 8,
    27: 1,
    19: 2,
```

```
20: 4,
24: 1,
17: 2,
18: 4,
21: 2,
25: 2,
23: 1})
```

数据中从只有一个字的句子到有 20 多个字的句子都有，但主要的数据集中在 5 个字和 7 个字的句子，与我们的直觉相符，而且其他字数的数据可能是有异常或者错误，所以可以考虑直接去掉它们。修改 remove_low_freq_wd 函数如下。

```
def remove_low_freq_wd(r, cnt=10):
  print(len(r))
  rr = []
  for x in r:
    if 4 < len(x[0]) < 10:
      rr.append(x)
  r = rr
  print(len(r))
  wd = static_tf(r)
  char2remove = []
  for k in wd:
    if wd[k] < cnt:
      char2remove.append(k)
  print('要删除的字符数: ', len(char2remove))
  new_r = []
  for s in tqdm(r):
    f = True
    for ch in char2remove:
      if ch in s[0] or ch in s[1]:
        f = False
        break
    if f:
      new_r.append(s)
  print(len(new_r) / len(r))
  return new_r
```

得到句子长度统计列表，仅保留长度在 4 和 10 之间的句子。然后再统计字频，并删除低频字和低频字所在的句子。

可以把《全唐诗》和《全宋诗》数据合并处理，以得到更大的数据集。之前的预处理函数基本不需要做修改，仅把 remove_low_freq_wd 函数的输入改为两个列表的和就可以了。

```
new_r = remove_low_freq_wd(r+r2)
```

通过输出可以发现，共有 1323819 个句子对，通过长度限制后，剩余 1285127 个。删除低频字所在的句子后，最终得到 1275973 个句子。

重新统计出现的字的数量。

```
w2id = {'<unk>': 0}
id2w = ['<unk>']
i = 1  # 当前下一个字符的编号
for s in new_r:
    for x in s:
        for ch in x:
            if ch not in w2id:
                w2id[ch] = i
                i += 1
                id2w.append(ch)
```

最终词表有 7042 个字。

把预处理后的数据和词表存入文件。

```
with open('w2id+.json', 'w') as f:  # 字符到 ID 的映射
    json.dump(w2id, f)
with open('id2w+.json', 'w') as f:  # ID 到字符的映射
    json.dump(id2w, f)
with open('data_splited+.jl', 'w') as f:  # 处理好的数据
    for l in tqdm(new_r):
        f.write(json.dumps(l) + '\n')
```

14.3.2　切分训练集和测试集

使用 sklearn 包的 model_selection 中的 train_test_split 方法切分训练集和测试集。"test_size=0.3" 指 30%的数据被切分为测试集。

```
from sklearn.model_selection import train_test_split
train_list, dev_list = train_test_split(new_r,test_size=0.3,random_state=15,shuffle=True)
```

训练集和测试集的数据量比例是 7：3，启用 shuffle 会将数据打乱。

可以把全部数据用于训练，并通过一些手动生成的句子直观地查看模型效果。

14.3.3　Dataset

继承 torch.utils.data.Dataset 类并实现 __init__、__len__ 和 __getitem__ 这 3 个方法。__getitem__ 方法中返回两个句子、句子长度和下标。

```
import torch
class MyDataSet(torch.utils.data.Dataset):
    def __init__(self, examples):
        self.examples = examples

    def __len__(self):
        return len(self.examples)

    def __getitem__(self, index):
        example = self.examples[index]
```

```
        s1 = example[0]
        s2 = example[1]
        length = len(s1)
        return s1, s2, length, index
```

在__getitem__方法中获取句子的长度,因为两个句子是一样长的所以只获取第一个句子的
长度即可。

14.3.4 DataLoader

首先需要编写 collate 函数,即把 Dataset 中的多条数据组合成一个 batch,并将其转换成
tensor。编写 collate 函数时需要使用函数 str2id 把句子转换为字的 ID 序列。str2id 函数用于检
查句子中是否有未知字,如果有则使用 0,即<unk>的 ID 表示未知字。

```
def str2id(s):
    # 用于把字符串转换为 ID 序列
    ids = []
    for ch in s:
        if ch in w2id:
            ids.append(w2id[ch])
        else:
            # 不在词表中的字使用<unk>的 ID 即 0 表示
            ids.append(0)
    return ids
def the_collate_fn(batch):
    lengths = [b[2] for b in batch]
    max_length = max(lengths)
    s1x = []
    s2x = []
    for b in batch:
        s1 = str2id(b[0])
        s2 = str2id(b[1])
        # 填充到最大长度
        s1x.append(s1 + ([0] * (max_length - len(s1))))
        s2x.append(s2 + ([0] * (max_length - len(s2))))
    indexs = [b[3] for b in batch]
    s1 = torch.LongTensor(s1x)
    s2 = torch.LongTensor(s2x)
    return s1,s2, lengths, indexs
```

输入的格式是[第一条数据,第二条数据,...],在这里具体是[[上句 1,下句 1],[上句 2,下句
2],...]。

输出应该是上句的张量,即 tensor([[上句 1],[上句 2],[上句 3],...]),下句的张量,即
tensor([[下句 1],[下句 2],[下句 3],...])。每个张量中包含的句子数量就是 batch 大小。

这里对同一个 batch 的句子进行填充,预先统计最长句子的长度,将所有句子都填充到这
个最大长度。但对于不同的 batch,最大长度可能是不同的。

14.3.5　创建 Dataset 和 DataLoader 对象

定义 batch size 为 16、data workers 为 2。创建 Dataset 和 DataLoader，一般训练数据的 DataLoader 可以将 shuffle 设置为 True，测试集和评估集则没有必要。

```
batch_size = 16
data_workers = 2
train_dataset = MyDataSet(train_list)
train_data_loader = torch.utils.data.DataLoader(
    train_dataset,
    batch_size=batch_size,
    shuffle = True,
    num_workers=data_workers,
    collate_fn=the_collate_fn,
)
dev_dataset = MyDataSet(dev_list)
dev_data_loader = torch.utils.data.DataLoader(
    dev_dataset,
    batch_size=batch_size,
    shuffle = False,
    num_workers=data_workers,
    collate_fn=the_collate_fn,
)
```

实际上这个数据集的数据量很大，如果使用较小的 batch size 可能需要较长的训练时间，但是在 CPU 上训练难以使用较大 batch size。而在 GPU 上训练可以选择较大的 batch size，如在 NVIDIA GTX 1060 显卡上训练，设 batch size 为 128 或 256 大概占用 1~2GB 显存，GPU 可以承受较高负载。

注意：如第 1 章所介绍的，batch size 不是越大越好，很多情况下，合适的 batch size 才能得到最好的训练结果。

14.3.6　定义模型

模型内包含 Embedding 层、LSTM 层、Linear 层。LSTM 层是双向的，且共有 5 层。可以使用构造参数指定模型运行的设备、词表大小、词嵌入维度、隐藏层维度。

```
import torch.nn as nn
import torch.nn.functional as F
class LSTMModel(nn.Module):
    def __init__(self, device, word_size, embedding_dim=256, hidden_dim=256):
        super(LSTMModel, self).__init__()
        self.hidden_dim = hidden_dim
        self.device = device
        self.embedding = nn.Embedding(word_size, embedding_dim)
        self.lstm = nn.LSTM(embedding_dim, hidden_dim, num_layers=5, bidirectional=True,
batch_first=True)
```

```
        self.out = nn.Linear(hidden_dim*2, word_size)

    def forward(self, s1, lengths, s2=None):
        batch_size = s1.shape[0]
        b = self.embedding(s1)
        l = self.lstm(b)[0]
        r = self.out(l)
        r = F.log_softmax(r, dim=2)
        if s2:
            loss = 0
            criterion = nn.NNLoss()
            for i in range(batch_size):
                length = lengths[i]
                loss += criterion(r[i][:length], s2[i][:length])
            return loss
        return r
```

由于一个 batch 中的数据不一定等长，所以在 forward 函数中需要使用 for 循环分别对 batch 中的每个数据计算损失。模型运行的过程如图 14.1 所示。

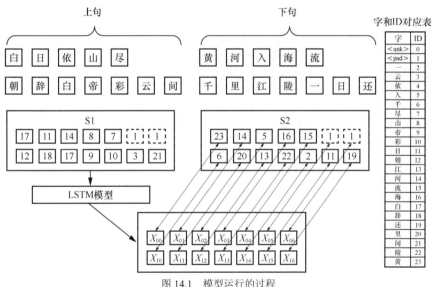

图 14.1 模型运行的过程

因为有不同长度的句子在同一个 batch 中出现的可能，所以无论在 DataLoader 中还是在模型中都需要对此进行特殊考虑。DataLoader 需要先求出一个 batch 中的最大句子的长度，并对该 batch 中所有其他句子做填充，图 14.1 中定义单独的特殊字<pad>用于填充。

在求 LSTM 输出与 S2 损失的时候，由于第一句只有 5 个字，第二句有 7 个字，所以对于第一句应该求输出 X_{00} 到 X_{04} 与 S2 中第一句的损失，而对于第二句则应该求输出，X_{10} 到 X_{16} 7 个字与 S2 中第二句的损失。batch 中每个数据都要根据它实际的长度来计算损失，虽然 LSTM 对每个句子都给出了等长的输出，但图 14.1 中的输出 X_{05} 和 X_{06} 没有被用到。

14.3.7　测试模型

定义模型，可以尝试在 CPU 上进行训练。传入 w2id 的长度，即字表中字符的数量，用于在模型中构建 Embedding 层。

```
device = torch.device('cpu')
model = LSTMModel(device, len(w2id))
model.to(device)
```

先测试输入两个句子，一个上句，一个下句，并计算损失。

```
x = torch.tensor([[1,2,3,4,5,6]])
x2 = torch.tensor([[1,2,3,4,5,6]])
y = model(x, [6], x2)
print(y)
```

结果如下。

```
tensor(1.7900, grad_fn=<AddBackward0>)
```

再测试输入上句，让模型预测下句。构造一个 batch size 为 1、长度为 6 的句子，查看模型的输出。

```
x = torch.tensor([[1,2,3,4,5,6]])
y = model(x, [6])
print(y.shape)
print(y.argmax(dim=2))
```

结果如下。

```
torch.Size([1, 6, 4948])
tensor([[ 583, 3993, 2948, 2368, 2206, 2531]])
```

14.3.8　训练模型

设定学习率为 0.1，定义优化器，然后开始训练。这里使用 SGD 优化器，遍历整个训练数据集。

```
import torch.optim as optim
learning_rate = 0.1
optimizer = optim.SGD(model.parameters(), lr=learning_rate)

loss_sum = 0
c = 0
for batch in tqdm(train_data_loader):
    s1, s2, lengths, index = batch
    s1 = s1.to(device)
    s2 = s2.to(device)
    loss = model(s1, lengths, s2)
    loss_sum += loss.item()
    c += 1
```

```
loss.backward()
optimizer.step()
```

这个模型训练速度较慢，因为它需要处理不等长的数据，所以在 forward 方法中使用了 for 循环。在第 14.4 节，我们将通过预处理对数据分组从而避免这种情况。

14.4 根据句子长度分组

第 14.3 节的模型使用 for 循环处理同一个 batch 中句子不等长的问题，导致模型运行效率过低。本节将从数据集入手解决这一问题，简化模型结构，提高运行效率。

14.4.1 按照句子长度分割数据集

第 14.3 节中介绍过句子长度分布。句子长度从 1 到 25 不等，但主要是 5 和 7，而且节剔除了长度小于 5 和大于 9 的句子。本小节将把数据集按句子长短划分，并构造多个 DataLoader 从而保证每个 batch 中的句子都等长。

先从第 14.3 节保存的文件读取数据和词表。

```
import json
from tqdm import tqdm
# 读取词表
with open('w2id+.json', 'r') as f:
  w2id = json.load(f)
with open('id2w+.json', 'r') as f:
    id2w = json.load(f)
# 读取数据
data_list = []
with open('data_splited+.jl', 'r') as f:
  for l in f:
    data_list.append(json.loads(l))
```

查看当前数据中的句子长度分布。

```
import collections
c = collections.Counter()
for d in data_list:
  c[len(d[0])] += 1
print(c)
```

输出的结果如下。

```
Counter({7: 605095, 5: 659730, 9: 922, 8: 633, 6: 9593})
```

一共有 5、6、7、8、9 这 5 种长度，且主要集中在 5 和 7。定义一个长度为 5 的列表，元素都是空列表，下标为 0 的列表存放长度为 5 的句子，下标为 1 的列表存放长度为 6 的句子，依此类推。

```
dlx = [[] for _ in range(5)]
for d in data_list:
    dlx[len(d[0]) - 5].append(d)
```

14.4.2　不用考虑填充的 DataLoader

对 Dataset 稍做修改，不用再返回句子长度，因为 collate 函数中不再使用句子长度，collate 函数变得更加简洁。可以去掉填充的代码，也不再返回 lengths，只返回 s1、s2 和 indexs。

```
import torch
class MyDataSet(torch.utils.data.Dataset):
    def __init__(self, examples):
      self.examples = examples
    def __len__(self):
      return len(self.examples)
    def __getitem__(self, index):
      example = self.examples[index]
      s1 = example[0]
      s2 = example[1]
      return s1, s2, index
def the_collate_fn(batch):
    s1x = []
    s2x = []
    for b in batch:
        s1 = str2id(b[0])
        s2 = str2id(b[1])
        s1x.append(s1)
        s2x.append(s2)
    indexs = [b[2] for b in batch]
    s1 = torch.LongTensor(s1x)
    s2 = torch.LongTensor(s2x)
    return s1, s2, indexs
```

14.4.3　创建多个 DataLoader 对象

对于每个数据列表都创建独立的 DataLoader 对象，每个 DataLoader 对象仅返回相同长度的句子。

```
batch_size = 32
data_workers = 4
# 用于存放 DataLoader 的列表
dldx = []
for d in dlx:
    ds = MyDataSet(d)
    dld = torch.utils.data.DataLoader(
        ds,
        batch_size=batch_size,
        shuffle = True,
        num_workers=data_workers,
        collate_fn=the_collate_fn,
```

```
    )
    dldx.append(dld)
```

14.4.4　处理等长句子的 LSTM

使用 LSTM 不用再考虑不等长的句子，可以去掉 forward 函数中的 for 循环，模型的运行效率将得到很大的提高。

```
import torch.nn as nn
import torch.nn.functional as F
class LSTMModel(nn.Module):
    def __init__(self, device, word_size, embedding_dim=256, hidden_dim=256):
        super(LSTMModel, self).__init__()
        self.hidden_dim = hidden_dim
        self.device = device
        self.embedding = nn.Embedding(word_size, embedding_dim)
        self.lstm = nn.LSTM(embedding_dim, hidden_dim, num_layers=4, bidirectional=True,
batch_first=True)
        self.out = nn.Linear(hidden_dim*2, word_size)

    def forward(self, s1, s2=None):
        batch_size, length = s1.shape[:2]
        b = self.embedding(s1)
        l = self.lstm(b)[0]
        r = self.out(l)
        r = F.log_softmax(r, dim=1)
        if s2 is not None:
            criterion = nn.NLLLoss()
            loss = criterion(r.view(batch_size*length, -1), s2.view(batch_size*length))
            return loss
        return r
```

14.4.5　评估模型效果

可以根据测试集训练中的损失评估模型效果，也可以直接查看一些具体的数据的输出结果。定义如下根据上句输出下句的函数。

```
def t2s(t):
    # 把 argmax 结果转换为句子
    l = t.cpu().tolist()
    r = [id2w[x] for x in l[0]]
    return ''.join(r)

def get_next(s):
    ids = torch.LongTensor(str2id(s))
    print(s)
    ids = ids.unsqueeze(0).to(device)
    with torch.no_grad():
        r = model(ids)
```

```
    r = r.argmax(dim=2)
    return t2s(r)
```

函数 t2s 用于把模型返回的经过 argmax 的结果转换成句子，实际上该函数主要的功能是把 ID 转换为对应的汉字，get_next 函数用于预测任意输入的语句的下句。可以定义如下几个测试用例并执行代码，查看模型的效果。

```
def print_cases():
  print(get_next('好好学习') + '\n')
  print(get_next('白日依山尽') + '\n')
  print(get_next('学而时习之') + '\n')
    print(get_next('人之初性本善') + '\n')
print_cases()
```

模型输出的结果如下。

```
好好学习
夹虬述述

白日依山尽
夹夹蚕述述

学而时习之
夹蛉粽述述

人之初性本善
夹夹墟襁述述
```

因为模型没有经过训练，所以输出的结果杂乱无章。

14.4.6　训练模型

这里使用 Transformers 中提供的 AdamW 优化器加快训练。可以先尝试在 CPU 上训练，创建如下模型对象。

```
device = torch.device('cpu')
model = LSTMModel(device, len(w2id))
model.to(device)
```

配置 AdamW 优化器参数。

```
gradient_accumulation_steps = 1
max_train_epochs = 60
warmup_proportion = 0.05
weight_decay=0.01
max_grad_norm=1.0
```

创建优化器。

```
from transformers import AdamW, get_linear_schedule_with_warmup
t_total = len(data_list) // gradient_accumulation_steps * max_train_epochs + 1
learning_rate = 0.01
num_warmup_steps = 1
```

```
num_warmup_steps = int(warmup_proportion * t_total)

print('warmup steps : %d' % num_warmup_steps)

no_decay = ['bias', 'LayerNorm.weight'] # no_decay = ['bias', 'LayerNorm.bias',
'LayerNorm.weight']
param_optimizer = list(model.named_parameters())
optimizer_grouped_parameters = [
  {'params':[p for n, p in param_optimizer if not any(nd in n for nd in no_decay)],
'weight_decay': weight_decay},
  {'params':[p for n, p in param_optimizer if any(nd in n for nd in no_decay)],
'weight_decay': 0.0}
]
optimizer = AdamW(optimizer_grouped_parameters, lr=learning_rate)
scheduler = get_linear_schedule_with_warmup(optimizer, num_warmup_steps=num_warmup_
steps, num_training_steps=t_total)
```

注意：这里的 "//" 并不是注释符号而是 Python 3 的整除运算符，Python 中不使用 "//" 做注释符号，而使用 "#" 做注释符号。Python 2 中的 "/" 用于整数除法，这与 C 语言一致，但 Python 3 的 "/" 则总返回 float 类型的结果（无论是否能整除）。Python 3 中的 "//" 相当于 Python 2 或者 C 语言中的 "/"。

训练模型，最外层的循环是训练轮次，第二层的循环是遍历数据集，这里的代码的写法较之前有变化，因为这里有多个 DataLoader。

```
loss_list = []
for e in range(max_train_epochs):
  print(e)  # 当前轮次
  loss_sum = 0
  c = 0
  dataloader_list = [x.__iter__() for x in dldx]  # 生成各 DataLoader 的迭代器
  j = 0 # 用于选择 DataLoader
  for i in tqdm(range((len(data_list)//batch_size) + 5)):
    if len(dataloader_list) == 0:
             # 所有 DataLoader 都遍历完成
      print('Done')
      break
    j = j % len(dataloader_list)
    try:
      batch = dataloader_list[j].__next__()
    except StopIteration: # 当前 DataLoader 遍历完成
      dataloader_list.pop(j)
      continue
    j += 1
    s1, s2, index = batch
    s1 = s1.to(device)
    s2 = s2.to(device)
    loss = model(s1, s2)
    loss_sum += loss.item()
    c += 1
```

```
        loss.backward()
        optimizer.step()
        scheduler.step()
        optimizer.zero_grad()
        print_cases()  # 每轮训练后打印测试用例的结果
        print(loss_sum / c)
        loss_list.append(loss_sum / c)
```

　　创建 dataloader_list，它是包含了各个 DataLoader 的迭代器的列表。可以直接通过 DataLoader 的 __iter__ 方法创建，或者可以使用 iter（DataLoader 对象）创建，两种方法等效。依次从这些迭代器中取出数据，使用迭代器的 __next__ 方法。这里需要手动处理迭代器的 StopIteration 异常。遇到该异常说明迭代完成，可以直接从 dataloader_list 中移除已经迭代完成的迭代器元素。

　　上述方法存在的一个问题就是 dataloader_list 中的迭代器对应的数据量不同，如果是平均地依次轮流访问这些迭代器，含有数据少的迭代器将很快遍历完成，最后将只剩下数据最多的迭代器。可行的改进方法是按照比例并带有一定随机性地访问这些迭代器。

　　在 CPU 上设定 batch size 为 16 或 32，训练一个轮次平均需要数小时时间，而在 GPU 上，batch size 为 32 时训练一个轮次仅需要几十分钟，当 batch size 设为 128 时，每轮次训练时间仅需要不到 5 分钟，虽然 batch size 设得过大可能对模型效果产生一些坏的影响，但是这样确实可以大大提高 GPU 利用率，并缩短训练时间。

　　在 NVIDIA GTX 1060 GPU 上设定 batch size 为 128，训练 60 个轮次，耗时 4 小时。使用如下代码绘制训练过程中的损失变化。

```
from matplotlib import pyplot as plt
plt.figure(figsize=(9,6))
plt.plot([i for i in range(len(loss_list))], loss_list)
```

　　训练过程中的损失变化如图 14.2 所示。

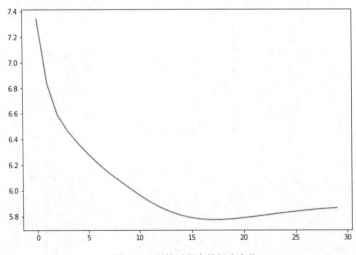

图 14.2　训练过程中的损失变化

虽然可以观察到损失有所下降，但是模型输出的实际结果的效果并不让人满意。第 1 轮训练后模型输出的结果如下。

```
好好学习
不有不人

白日依山尽
风风不山人

学而时习之
不以不不口

人之初性本善
不我不不人
```

第 29 轮训练后模型输出的结果如下。

```
好好学习
莫为自名

白日依山尽
青风向水流

学而时习之
不不不其之

人之初性本善
我之不人不恶
```

模型输出的结果中有看起来合理的地方，如模型根据"白日依山尽"生成的下句有"彤娥匝槛赊""沧柑夹槛赊""朱鹂入室赊""朱娥掠槛赊""朱砂掠壑赊""彤鹂逐槛赊""朱泉掠岫赊"（来自 batch size 为 32 的训练，10 到 16 轮次），至少模型已经知道应该使用一个关于颜色的字与"白"相匹配。另外，模型输出的结果中"夹""掠""逐""入"可以和"依"字对应。模型输出的结果中还有"譬也肆心嵯痊"对"人之初性本善"，虽然模型输出的是一句杂乱无章的话，但至少"心"和"性"可以对应。

而第 29 轮训练后，模型将"白日依山尽"对得比较工整了。

14.5　使用预训练词向量初始化 Embedding 层

第 14.4 节中的模型效果不好，输出的句子甚至是杂乱无章的，这可能是因为模型不能学习每个字的准确含义。

14.5.1　根据词向量调整字表

第 8 章介绍过词向量的原理与使用方法，并给出了使用腾讯 AI 实验室中文词向量的例子。

但这里我们需要字符级的词向量，刚好第 1 章中提到的 Chinese Word Vectors 中文词向量包含字符级中文词向量。我们下载其中使用中文维基百科训练的词向量。

文件名为 sgns.wiki.bigram-char，解压后大小为 960MB，包含 352272 个中文字符，每个字符对应一个 300 维向量。实际上我们只需要那些出现在本项目的词表中的字，大概 7000 字，而且可能很多本项目的词表中的字并没有出现在这个词向量文件中。

使用下面代码遍历词向量文件以找出在本项目的词表中出现的词向量。

```
import json
from tqdm import tqdm
with open('w2id+.json', 'r') as f:
  w2id = json.load(f)
with open('id2w+.json', 'r') as f:
    id2w = json.load(f)
embedding = [None] * len(w2id)
c = 0
with open('d:/sgns.wiki.bigram-char', encoding='utf8') as f:
  print(f.readline())  # 第一行是词数量和维度
  for l in tqdm(f):
    l = l[:-2]  # 去行尾换行符和空格
    l = l.split(' ')
    assert len(l) == 301  # 字符 + 向量（三百个浮点数）
    ch = l[0]
    if ch in w2id:
      embedding[w2id[ch]] = list(map(float, l[1:]))
      c += 1
print(c)
```

载入词表，并定义一个与词表长度相等的列表用于存储词表中每个字对应的向量，然后遍历词向量文件中的每一个字，并检查这个字是否在词表中，如果是，就把这个字的向量解析并保存在 Embedding 层的相应位置。代码输出的结果是 5628，即只有 5628 个字在词向量文件中有对应的词向量，有 1414 个字没有对应的词向量。

缺少对应词向量的字很多，我们希望确认其中是否包含比较常见的字。缺少对应词向量的字的输出如下（由于内容太多，已省略部分内容）。

```
['<unk>', '簕', '馀', '脊', '長', '抉', '剉', '袷', '溢', '叫', '簸', '廒', '鏊', '嗻',
'轳', '簪', '熳', '堦', '胃', '暎', '靥', '嘤', '湝', '蚨', '勔', '疎', '汛', '窨', '墙',
'笃', '跟', '勛', '傕', '苹', '珮', '翬', '猛', '毯', '碦', ……', '胅', '蛓', '躔'] 1414
```

可以看出存在部分繁体字未能正确转换的问题，如"長"应转换为简体的"长"，这应该是由于我们使用的繁简字对照表中缺失相应的字符。还有的缺少对应词向量的字确实是生僻字。可以尝试借此进一步精简词表。

载入数据集以确认"長"的转换问题。

```
data_list = []
with open('data_splited+.jl', 'r') as f:
```

```
    for l in f:
        data_list.append(json.loads(l))
```

联想到名句"大漠孤烟直，长河落日圆"。可以搜索上句中包含"大漠"的诗句。

```
for l in tqdm(data_list):
    if '大漠' in l[0]:
        print(l)
```

结果发现有很多关于"大漠"的诗句，而且"大漠孤烟直，长河落日圆"一句竟在数据集中重复出现了两次，这可能是由于原始数据集中此诗出现了两次，或者有两首不同的诗都有这一句。重复的诗句如图 14.3 所示。

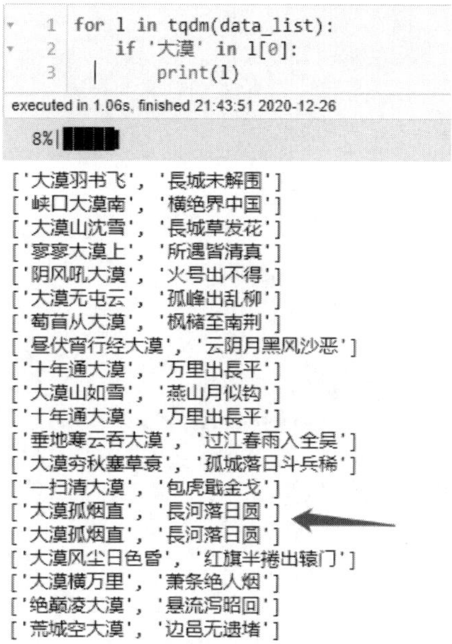

图 14.3　搜索结果包含重复的诗句

但是该诗第一句却未出现重复。查看原始数据集可以发现此诗有两种版本，首联不同而后面三联相同。

```
{
    "author": "王維",
    "paragraphs": [
        "單車欲問邊，屬國過居延。",
        "征蓬出漢塞，歸雁入胡天。",
        "大漠孤煙直，長河落日圓。",
        "蕭關逢候吏，都護在燕然。"
    ],
    "tags": [
        "战士",
        "写景",
        "初中古诗",
```

```
                "边塞",
                "八年级上册(课内)",
                "赞美"
            ],
            "title": "使至塞上",
            "id": "8ec59c80-46dc-4916-b069-a25ed8f144ec"
    },
    {
            "author": "王維",
            "paragraphs": [
                "銜命辭天闕，單車欲問邊。",
                "征蓬出漢塞，歸雁入胡天。",
                "大漠孤煙直，長河落日圓。",
                "蕭關逢候吏，都護在燕然。"
            ],
            "tags": [
                "战士",
                "写景",
                "初中古诗",
                "边塞",
                "八年级上册(课内)",
                "赞美"
            ],
            "title": "使至塞上",
            "id": "8d9fabc0-2285-4a7d-84f0-c12f22b6d57b"
    },
```

接下来先替换数据集中的未正确转换的"長"字，然后根据词向量文件中出现的字精简词表，再精简数据集。

```
c = 0
for d in data_list:
    if '長' in d[0]:
        d[0] = d[0].replace('長', '长')
        c += 1
    if '長' in d[1]:
        d[1] = d[1].replace('長', '长')
        c += 1
print(c)
```

可以发现需要替换的数据多达 4 万句。所以说从获取数据、处理数据到训练模型整个过程中存在太多部分，哪一个部分都可能引入问题，一些问题需要仔细排查才能发现，很多隐蔽的问题可能最后也无法被注意到。

替换词表中的"長"字。

```
id2w[105] = '长'
w2id['长'] = 105
w2id.pop('長')
```

可以重新载入 Embedding 层，以获取"长"字对应的向量。

```
embedding = [None] * len(w2id)
c = 0
with open('d:/sgns.wiki.bigram-char', encoding='utf8') as f:
    print(f.readline()) # 第一行是字数量和维度
    for l in tqdm(f):
        l = l[:-2] # 去行尾换行符和空格
        l = l.split(' ')
        assert len(l) == 301 # 字符 + 向量（三百个浮点数）
        ch = l[0]
        if ch in w2id:
            embedding[w2id[ch]] = list(map(float, l[1:]))
            c += 1
print(c)
```

重建词表和 Embedding 层，使他们一一对应，其实就是删除没有对应词向量的字。

```
new_id2w = []
new_embedding = []
for i in range(len(embedding)):
    if embedding[i] is not None:
        new_id2w.append(id2w[i])
        new_embedding.append(embedding[i])
new_w2id = {}
for i, w in enumerate(new_id2w):
    new_w2id[w] = i
print(len(new_id2w))
```

最后更新数据集，去掉包含词表以外的字的诗句。

```
new_data_list = []
for d in tqdm(data_list):
    f = True
    for s in d:
        for ch in s:
            if ch not in new_w2id:
                f = False
                break
        if not f:
            break
    if f:
        new_data_list.append(d)
    else:
        missing.append(d)
print(len(new_data_list), len(missing))
```

输出如下。

```
100%|███████████████████| 1275973/1275973 [00:08<00:00, 155399.16it/s]
1116739 160648
```

数据集还剩 111 万条诗句的数据。把这次处理好的数据存入文件。

```
with open('w2id++.json', 'w') as f:
    json.dump(new_w2id, f)
```

```
with open('id2w++.json', 'w') as f:
    json.dump(new_id2w, f)
with open('embedding++.jl', 'w') as f:
    for l in tqdm(new_embedding):
        f.write(json.dumps(l) + '\n')
with open('data_splited++.jl', 'w') as f:
    for l in tqdm(new_data_list):
        f.write(json.dumps(l) + '\n')
```

14.5.2　载入预训练权重

可以使用第 8 章介绍的方法，先把权重转换为 numpy.array，生成模型后，用 numpy.array 初始化 Embedding 层权重。

```
import numpy as np

model = LSTMModel(device, len(w2id), 300)
model.to(device)
pretrained_weight = np.array(embedding)
model.embedding.weight.data.copy_(torch.from_numpy(pretrained_weight))
```

注意：创建模型对象时需要把 Embedding 层维度设为要使用的预训练词向量的维度，这里设为 300。

14.5.3　训练模型

为了方便调整各种参数，本小节稍微调整了代码顺序，把参数调节部分的代码放到开头部分。载入数据和设置参数代码如下。

```
import json
from tqdm import tqdm
import torch
import time
with open('w2id++.json', 'r') as f:
    w2id = json.load(f)
with open('id2w++.json', 'r') as f:
    id2w = json.load(f)

data_list = []
with open('data_splited++.jl', 'r') as f:
    for l in f:
        data_list.append(json.loads(l))
embedding = []
with open('embedding++.jl', 'r') as f:
    for l in f:
        embedding.append(json.loads(l))

batch_size = 32
```

```
data_workers = 4
learning_rate = 0.01
gradient_accumulation_steps = 1
max_train_epochs = 60
warmup_proportion = 0.05
weight_decay=0.01
max_grad_norm=1.0
cur_time = time.strftime("%Y-%m-%d_%H:%M:%S")
device = torch.device('cuda')
```

这里添加 cur_time 参数记录训练这个模型的时间。分割数据集代码如下。

```
dlx = [[] for _ in range(5)]
for d in data_list:
    dlx[len(d[0]) - 5].append(d)
```

创建 DataLoader 代码如下。

```
class MyDataSet(torch.utils.data.Dataset):
    def __init__(self, examples):
        self.examples = examples
    def __len__(self):
        return len(self.examples)
    def __getitem__(self, index):
        example = self.examples[index]
        s1 = example[0]
        s2 = example[1]
        return s1, s2, index
def str2id(s):
    ids = []
    for ch in s:
        if ch in w2id:
            ids.append(w2id[ch])
        else:
            ids.append(0)
    return ids
def the_collate_fn(batch):
    s1x = []
    s2x = []
    for b in batch:
        s1 = str2id(b[0])
        s2 = str2id(b[1])
        s1x.append(s1)
        s2x.append(s2)
    indexs = [b[2] for b in batch]
    s1 = torch.LongTensor(s1x)
    s2 = torch.LongTensor(s2x)
    return s1, s2, indexs
dldx = []
for d in dlx:
    ds = MyDataSet(d)
```

```
        dld = torch.utils.data.DataLoader(
            ds,
            batch_size=batch_size,
            shuffle = True,
            num_workers=data_workers,
            collate_fn=the_collate_fn,
        )
        dldx.append(dld)
```

定义模型代码如下。

```
import torch.nn as nn
import torch.nn.functional as F
class LSTMModel(nn.Module):
    def __init__(self, device, word_size, embedding_dim=256, hidden_dim=256):
        super(LSTMModel, self).__init__()
        self.hidden_dim = hidden_dim
        self.device = device
        self.embedding = nn.Embedding(word_size, embedding_dim)
        self.lstm = nn.LSTM(embedding_dim, hidden_dim, num_layers=4, bidirectional=True,
batch_first=True)
        self.out = nn.Linear(hidden_dim*2, word_size)

    def forward(self, s1, s2=None):
        batch_size, length = s1.shape[:2]
        b = self.embedding(s1)
        l = self.lstm(b)[0]
        r = self.out(l)
        r = F.log_softmax(r, dim=2)
        if s2 is not None:
            criterion = nn.NLLLoss()
            loss = criterion(r.view(batch_size*length, -1), s2.view(batch_size*length))
            return loss
        return r
```

创建模型对象代码如下。

```
model = LSTMModel(device, len(w2id), 300)
model.to(device)
```

载入预训练权重代码如下。

```
import numpy as np
pretrained_weight = np.array(embedding)
model.embedding.weight.data.copy_(torch.from_numpy(pretrained_weight))
```

定义如下测试用例。

```
def t2s(t):
    l = t.cpu().tolist()
    r = [id2w[x] for x in l[0]]
    return ''.join(r)


def get_next(s):
```

```
    ids = torch.LongTensor(str2id(s))
    print(s)
    ids = ids.unsqueeze(0).to(device)
    with torch.no_grad():
        r = model(ids)
        r = r.argmax(dim=2)
        return t2s(r)
def print_cases():
    print(get_next('好好学习') + '\n')
    print(get_next('白日依山尽') + '\n')
    print(get_next('学而时习之') + '\n')
    print(get_next('人之初性本善') + '\n')
```

定义优化器代码如下。

```
from transformers import AdamW, get_linear_schedule_with_warmup

t_total = len(data_list) // gradient_accumulation_steps * max_train_epochs + 1
num_warmup_steps = int(warmup_proportion * t_total)

print('warmup steps : %d' % num_warmup_steps)

no_decay = ['bias', 'LayerNorm.weight'] # no_decay = ['bias', 'LayerNorm.bias',
'LayerNorm.weight']
param_optimizer = list(model.named_parameters())
optimizer_grouped_parameters = [
    {'params':[p for n, p in param_optimizer if not any(nd in n for nd in no_decay)],
'weight_decay': weight_decay},
    {'params':[p for n, p in param_optimizer if any(nd in n for nd in no_decay)],'weight_
decay': 0.0}
]
optimizer = AdamW(optimizer_grouped_parameters, lr=learning_rate)
scheduler = get_linear_schedule_with_warmup(optimizer, num_warmup_steps=num_warmup_
steps, num_training_steps=t_total)
```

模型训练代码如下。

```
loss_list = []
for e in range(max_train_epochs):
    print(e)
    loss_sum = 0
    c = 0
    xxx = [x.__iter__() for x in dldx]
    j = 0
    for i in tqdm(range((len(data_list)//batch_size) + 5)):
        if len(xxx) == 0:
            break
        j = j % len(xxx)
        try:
            batch = xxx[j].__next__()
        except StopIteration:
```

```
        xxx.pop(j)
        continue
    j += 1
    s1, s2, index = batch
    s1 = s1.to(device)
    s2 = s2.to(device)
    loss = model(s1, s2)
    loss_sum += loss.item()
    c += 1
    loss.backward()
    optimizer.step()
    scheduler.step()
    optimizer.zero_grad()
print_cases()
print(loss_sum / c)
loss_list.append(loss_sum / c)
```

使用预训练词向量后模型能更快地收敛，第 2 轮训练后，模型已经能给出类似第 14.4 节训练十几轮时的、每句仅有几个字能与输入的上句对应的诗句了，如"白日依山尽，青风入水深"。第 14 轮训练后，模型能够得到"白日依山尽，黄云向海流"这样的比较通顺的诗句。对于"白日依山尽"这一句能有较好的结果是因为和其他几个测试用例相比，这一句更简单，而且它本身也在训练集中。

图 14.4 是设定 batch size 为 32 时训练的损失变化图。

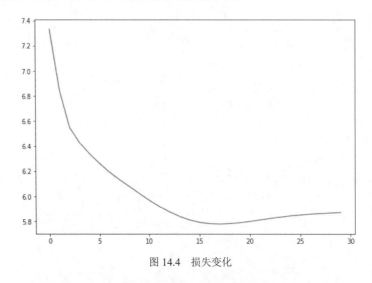

图 14.4　损失变化

14.6　使用 Transformer 完成诗句生成

本节将使用 Transformer 实现诗句生成，Transformer 中没有 RNN 结构，取而代之的是自注意力机制，Transformer 运行效率比 LSTM 有大大提高。

14.6.1 位置编码

Transformer 内部无法根据序列中元素的顺序识别元素位置，而需要通过位置编码把元素的位置信息加在该元素的向量上。

```python
import math
import torch
import torch.nn as nn
import torch.nn.functional as F
from torch.nn import TransformerEncoder, TransformerEncoderLayer

class PositionalEncoding(nn.Module):
    def __init__(self, d_model, dropout=0.1, max_len=5000):
        super(PositionalEncoding, self).__init__()
        self.dropout = nn.Dropout(p=dropout)
        pe = torch.zeros(max_len, d_model)
        position = torch.arange(0, max_len, dtype=torch.float).unsqueeze(1)
        div_term = torch.exp(torch.arange(0, d_model, 2).float() * (-math.log(10000.0)
/ d_model))
        pe[:, 0::2] = torch.sin(position * div_term)
        pe[:, 1::2] = torch.cos(position * div_term)
        pe = pe.unsqueeze(0).transpose(0, 1)
        self.register_buffer('pe', pe)

    def forward(self, x):
        x = x + self.pe[:x.size(0), :]
        return self.dropout(x)
```

14.6.2 使用 Transformer

可以直接使用 PyTorch 中提供的 TransformerEncoderLayer 和 TransformerEncoder，同时定义一个 Embedding 层。

```python
class TransformerModel(nn.Module):
    def __init__(self, ntoken, ninp, nhead, nhid, nlayers, dropout=0.5):
        super(TransformerModel, self).__init__()
        # 位置编码
        self.pos_encoder = PositionalEncoding(ninp, dropout)
        encoder_layers = TransformerEncoderLayer(ninp, nhead, nhid, dropout)
        self.transformer_encoder = TransformerEncoder(encoder_layers, nlayers)
        self.encoder = nn.Embedding(ntoken, ninp)
        self.ninp = ninp
        self.decoder = nn.Linear(ninp, ntoken)
        self.init_weights()
```

```
def generate_square_subsequent_mask(self, sz):
    mask = (torch.triu(torch.ones(sz, sz)) == 1).transpose(0, 1)
    mask = mask.float().masked_fill(mask == 0, float('-inf')).masked_fill(mask ==
1, float(0.0))
    return mask


    # 初始化权重
    def init_weights(self):
        initrange = 0.1
        self.encoder.weight.data.uniform_(-initrange, initrange)
        self.decoder.bias.data.zero_()
        self.decoder.weight.data.uniform_(-initrange, initrange)


    def forward(self, s1, s2=None):
        batch_size, length = s1.shape[:2]
        s1 = self.encoder(s1) * math.sqrt(self.ninp)
        s1 = self.pos_encoder(s1)
        output = self.transformer_encoder(s1)
        output = self.decoder(output)
        output = F.log_softmax(output, dim=2)
        if s2 is not None:
            # 定义损失函数并计算损失
            criterion = nn.NLLLoss()
            loss = criterion(output.view(batch_size*length, -1), s2.view(batch_size*length))
            return loss
        return output
```

参数 ntoken 是词表大小，ninp 是前馈网络的维度，nhead 是 multi-head attention 中的 head 数量。nhid 是隐藏层大小，nlayers 是 Transformer 的层数。

14.6.3　训练和评估

创建模型。设置 tokens 数量、embedding 维度、隐藏层维度及层数、multi-head 的 attention head 数等参数。

```
ntokens = len(w2id)
emsize = 300 # embedding 维度
nhid = 256 # 隐藏层维度
nlayers = 4 # 层数
nhead = 4 # multi-head attention 的 head 数
dropout = 0.2 # dropout 比例
model = TransformerModel(ntokens, emsize, nhead, nhid, nlayers, dropout).to(device)
```

训练和评估部分的代码均无须改动。

训练过程中的损失下降如图 14.5 所示。

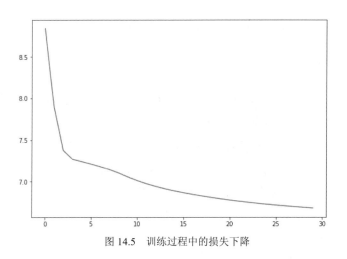

图 14.5　训练过程中的损失下降

第 15 轮次模型输出的结果如下。

好好学习
清清为不

白日依山尽
清月有月知

学而时习之
生不里不不

人之初性本善
我无不人不

最后一轮模型输出的结果如下。

好好学习
一一不相

白日依山尽
一风是有时

学而时习之
不谁知不之

人之初性本善
我之春然乃不

Transformer 输出的语句仍不通顺，但该模型比 LSTM 模型的效果要好些。

14.7　使用 GPT-2 完成对诗模型

GPT-2 模型是预训练模型，使用大量数据进行预训练，所以载入预训练权重后，模型仅需要较少训练甚至无须进一步训练就可以得到良好的结果。

14.7.1 预训练模型

要使用的预训练模型来自 https://github.com/Morizeyao/GPT2-Chinese。需要使用该仓库中发布的诗词模型，模型文件大小为 459MB。

复制仓库，因为需要使用一些该仓库中的源码。

```
git clone https://github.com/Morizeyao/GPT2-Chinese.git
```
把仓库中的 tokenizations 复制到当前路径下。

```
cp GPT2-Chinese/tokenizations . -r
```
使用 pip 安装 thulac。

```
pip install thulac
```
按 GPT2-Chinese 项目的 GitHub 仓库页面中的说明下载模型，并将模型放入当前路径下的 GPT2 目录下。

创建模型的代码如下。

```
from transformers import GPT2LMHeadModel
model = GPT2LMHeadModel.from_pretrained('./GPT2')
```
创建 tokenizer 的代码如下。

```
from tokenizations import tokenization_bert_word_level as tokenization_bert
tokenizer = tokenization_bert.BertTokenizer(vocab_file="GPT2-Chinese/cache/vocab.txt")
```
测试模型的分词效果的代码如下。

```
tokens = tokenizer.tokenize('白日依山尽')
print(tokens)
```
输出的结果如下。

```
['白', '##日', '依', '##山', '尽']
```
将字的向量转换为 ID 的代码如下。

```
ids = tokenizer.convert_tokens_to_ids(tokens)
print(ids)
```
输出的结果如下。

```
[4635, 16246, 898, 15312, 2226]
```
查看所有特殊词的代码如下。

```
print(tokenizer.all_special_tokens)
print(tokenizer.all_special_ids)
```
输出如下。

```
['[UNK]', '[SEP]', '[PAD]', '[CLS]', '[MASK]']
[100, 102, 0, 101, 103]
```

14.7.2　评估模型[1]

先测试未在数据集上训练过的模型。因为使用了预训练权重，所以模型应该有不错的效果。

```
temperature = 1
topp = 0
n_ctx = model.config.n_ctx
topk = 8
repetition_penalty = 1.0
device = 'cpu'
for sid in range(3):
    raw_text = '黄河远上白云间，'
    length = len(raw_text)
    context_tokens = tokenizer.convert_tokens_to_ids(tokenizer.tokenize(raw_text))
    out = generate(
      model,
      context_tokens,
      length,
      temperature,
      top_k=topk,
      top_p=topp,
      device=device
    )
    text = tokenizer.convert_ids_to_tokens(out)
    for i, item in enumerate(text[:-1]):   # 确保英文前后有空格
      if is_word(item) and is_word(text[i + 1]):
          text[i] = item + ' '
    for i, item in enumerate(text):
      if item == '[MASK]':
          text[i] = ''
      elif item == '[CLS]':
          text[i] = '\n\n'
      elif item == '[SEP]':
          text[i] = '\n'
    info = "=" * 10 + " SAMPLE " + str(sid) + " " + "=" * 10 + "\n"
    print(info)
    text = ''.join(text).replace('##', '').strip()
    print(text)
    print("=" * 32)
```

通过 generate 函数获取输出的 ID，然后解析为文字格式并输出。定义 generate 函数的代码如下。

```
def generate(model, context, length, temperature=1.0, top_k=30, top_p=0.0, device='cpu'):
  inputs = torch.LongTensor(context).view(1, -1).to(device)
  if len(context) > 1:
    _, past = model(inputs[:, :-1], None)[:2]
```

---

[1]　本节代码修改自开源项目 GPT2-Chinese 中的代码文件 generate.py。

```
        prev = inputs[:, -1].view(1, -1)
    else:
        past = None
        prev = inputs
    generate = [] + context
    with torch.no_grad():
        for i in range(length):
            output = model(prev, past)
            output, past = output[:2]
            output = output[-1].squeeze(0) / temperature
            filtered_logits = top_k_top_p_filtering(output, top_k=top_k, top_p=top_p)
            next_token = torch.multinomial(torch.softmax(filtered_logits, dim=-1), num_
samples=1)
            generate.append(next_token.item())
            prev = next_token.view(1, 1)
    return generate
```

定义 top_k_top_p_filtering 函数的代码如下。

```
def top_k_top_p_filtering(logits, top_k=0, top_p=0.0, filter_value=-float('Inf')):
    """ Filter a distribution of logits using top-k and/or nucleus (top-p) filtering
        Args:
            logits: logits distribution shape (vocabulary size)
            top_k > 0: keep only top k tokens with highest probability (top-k filtering).
            top_p > 0.0: keep the top tokens with cumulative probability >= top_p (nucleus
filtering).
                Nucleus filtering is described in Holtzman et al. (http://arxiv.org/abs/
1904.09751)
        From: https://gist.github.com/thomwolf/1a5a29f6962089e871b94cbd09daf317
    """
    assert logits.dim() == 1  # batch size 1 for now - could be updated for more but
the code would be less clear
    top_k = min(top_k, logits.size(-1))  # Safety check
    if top_k > 0:
        # Remove all tokens with a probability less than the last token of the top-k
        indices_to_remove = logits < torch.topk(logits, top_k)[0][..., -1, None]
        logits[indices_to_remove] = filter_value

    if top_p > 0.0:
        sorted_logits, sorted_indices = torch.sort(logits, descending=True)
        cumulative_probs = torch.cumsum(F.softmax(sorted_logits, dim=-1), dim=-1)

        # Remove tokens with cumulative probability above the threshold
        sorted_indices_to_remove = cumulative_probs > top_p
        # Shift the indices to the right to keep also the first token above the threshold
        sorted_indices_to_remove[..., 1:] = sorted_indices_to_remove[..., :-1].clone()
        sorted_indices_to_remove[..., 0] = 0

        indices_to_remove = sorted_indices[sorted_indices_to_remove]
```

```
        logits[indices_to_remove] = filter_value
    return logits
```

定义 is_word 函数的代码如下。

```
def is_word(word):
    for item in list(word):
        if item not in 'qwertyuiopasdfghjklzxcvbnm':
            return False
    return True
```

执行评估代码得到的结果如下。

```
========== SAMPLE 0 ==========

黄河远上白云间，如玉漱酒冽。
==============================
========== SAMPLE 1 ==========

黄河远上白云间，猎取是出真如
==============================
========== SAMPLE 2 ==========

黄河远上白云间，猎取一非圃。
==============================
```

把生成的代码封装为函数并测试其他诗句。

```
def get_next(s, temperature=1,topk=10, topp = 0, device='cpu'):
    context_tokens = tokenizer.convert_tokens_to_ids(tokenizer.tokenize(s))
    out = generate(
        model,
        context_tokens,
        len(s),
        temperature,
        top_k=topk,
        top_p=topp,
        device=device
    )
    text = tokenizer.convert_ids_to_tokens(out)
    for i, item in enumerate(text[:-1]):   # 确保英文前后有空格
        if is_word(item) and is_word(text[i + 1]):
            text[i] = item + ' '
    for i, item in enumerate(text):
        if item == '[MASK]':
            text[i] = ''
        elif item == '[CLS]':
            text[i] = '\n\n'
        elif item == '[SEP]':
            text[i] = '\n'
```

```
    text = ''.join(text).replace('##', '').strip()
    return text

def print_cases():
  print(get_next('好好学习，') + '\n')
  print(get_next('白日依山尽，') + '\n')
  print(get_next('学而时习之，') + '\n')
  print(get_next('人之初性本善，') + '\n')
print_cases()
```

输出的结果如下。

好好学习，男力未施肩

白日依山尽，独呼白衣人。

学而时习之，何须常坊使，

人之初性本善，或是陶唐世。与

14.7.3　Fine-tuning

训练集中不必再把上、下句分开。可以在载入数据集的同时把上下句拼接起来并添加标点符号。

```
import json
from tqdm import tqdm
import torch
import time
with open('w2id++.json', 'r') as f:
  w2id = json.load(f)
with open('id2w++.json', 'r') as f:
  id2w = json.load(f)
w2id['，'] = len(id2w)
id2w.append('，')
w2id['。'] = len(id2w)
id2w.append('。')
data_list = []
with open('data_splited++.jl', 'r') as f:
  for l in f:
    d = '，'.join(json.loads(l)) + '。'
    data_list.append(d)

batch_size = 32
data_workers = 4
learning_rate = 1e-6
gradient_accumulation_steps = 1
```

```
max_train_epochs = 3
warmup_proportion = 0.05
weight_decay=0.01
max_grad_norm=1.0

cur_time = time.strftime("%Y-%m-%d_%H:%M:%S")
device = torch.device('cuda')
```

注意： 上面代码中虽然加载了词表，并添加了 ","和 "。"，但这里不用这个词表而是使用预训练模型的 tokenizer。

使用如下代码输出一条数据。

```
print(data_list[0])
```

输出的结果如下。

```
'白狐向月号山风，秋寒扫云留碧空。'
```

切分数据集的代码如下。

```
dlx = [[] for _ in range(5)]
for d in data_list:
    dlx[len(d) // 2- 6].append(d)
```

评估模型的代码如下。

```
import time
import torch
time.clock = time.perf_counter
def top_k_top_p_filtering(logits, top_k=0, top_p=0.0, filter_value=-float('Inf')):
    """ Filter a distribution of logits using top-k and/or nucleus (top-p) filtering
        Args:
            logits: logits distribution shape (vocabulary size)
            top_k > 0: keep only top k tokens with highest probability (top-k filtering).
            top_p > 0.0: keep the top tokens with cumulative probability >= top_p (nucleus
filtering).
                Nucleus filtering is described in Holtzman et al. (http://arxiv.org/abs/
1904.09751)
        From: https://gist.github.com/thomwolf/1a5a29f6962089e871b94cbd09daf317
    """
    assert logits.dim() == 1  # batch size 1 for now - could be updated for more but
the code would be less clear
    top_k = min(top_k, logits.size(-1))  # Safety check
    if top_k > 0:
        # Remove all tokens with a probability less than the last token of the top-k
        indices_to_remove = logits < torch.topk(logits, top_k)[0][..., -1, None]
        logits[indices_to_remove] = filter_value

    if top_p > 0.0:
        sorted_logits, sorted_indices = torch.sort(logits, descending=True)
        cumulative_probs = torch.cumsum(F.softmax(sorted_logits, dim=-1), dim=-1)
```

```
        # Remove tokens with cumulative probability above the threshold
        sorted_indices_to_remove = cumulative_probs > top_p
        # Shift the indices to the right to keep also the first token above the threshold
        sorted_indices_to_remove[..., 1:] = sorted_indices_to_remove[..., :-1].clone()
        sorted_indices_to_remove[..., 0] = 0

        indices_to_remove = sorted_indices[sorted_indices_to_remove]
        logits[indices_to_remove] = filter_value
    return logits
def generate(model, context, length, temperature=1.0, top_k=30, top_p=0.0, device='cpu'):
    inputs = torch.LongTensor(context).view(1, -1).to(device)
    if len(context) > 1:
        _, past = model(inputs[:, :-1], None)[:2]
        prev = inputs[:, -1].view(1, -1)
    else:
        past = None
        prev = inputs
    generate = [] + context
    with torch.no_grad():
        for i in range(length):
            output = model(prev, past)
            output, past = output[:2]
            output = output[-1].squeeze(0) / temperature
            filtered_logits = top_k_top_p_filtering(output, top_k=top_k, top_p=top_p)
            next_token = torch.multinomial(torch.softmax(filtered_logits, dim=-1), num_
samples=1)
            generate.append(next_token.item())
            prev = next_token.view(1, 1)
    return generate
def is_word(word):
    for item in list(word):
        if item not in 'qwertyuiopasdfghjklzxcvbnm':
            return False
    return True
def get_next(s, temperature=1,topk=10, topp = 0, device='cuda'):
    context_tokens = tokenizer.convert_tokens_to_ids(tokenizer.tokenize(s))
    out = generate(
        model,
        context_tokens,
        len(s),
        temperature,
        top_k=topk,
        top_p=topp,
        device=device
    )
```

```
    text = tokenizer.convert_ids_to_tokens(out)
    for i, item in enumerate(text[:-1]):    # 确保英文前后有空格
        if is_word(item) and is_word(text[i + 1]):
            text[i] = item + ' '
    for i, item in enumerate(text):
        if item == '[MASK]':
            text[i] = ''
        elif item == '[CLS]':
            text[i] = '\n\n'
        elif item == '[SEP]':
            text[i] = '\n'
    text = ''.join(text).replace('##', '').strip()
    return text


def print_cases():
    print(get_next('好好学习，') + '\n')
    print(get_next('白日依山尽，') + '\n')
    print(get_next('学而时习之，') + '\n')
    print(get_next('人之初性本善，') + '\n')
print_cases()
```

输出的结果如下。

好好学习，聚众要遭逢

白日依山尽，儿长如更[UNK]。

学而时习之，何不出。乃若

人之初性本善，而人岂不知。空

创建 Dataset 和 DataLoader 的代码如下。

```
class MyDataSet(torch.utils.data.Dataset):
    def __init__(self, examples):
        self.examples = examples
    def __len__(self):
        return len(self.examples)
    def __getitem__(self, index):
        example = self.examples[index]
        return example, index


def the_collate_fn(batch):
    indexs = [b[1] for b in batch]
    r = tokenizer([b[0] for b in batch], padding=True)
    input_ids = torch.LongTensor(r['input_ids'])
    attention_mask = torch.LongTensor(r['attention_mask'])
    return input_ids, attention_mask, indexs
```

```
dldx = []
for d in dlx:
  ds = MyDataSet(d)
  dld = torch.utils.data.DataLoader(
    ds,
    batch_size=batch_size,
    shuffle = True,
    num_workers=data_workers,
    collate_fn=the_collate_fn,
  )
  dldx.append(dld)
```

定义优化器对象的代码如下。

```
from transformers import AdamW, get_linear_schedule_with_warmup

t_total = len(data_list) // gradient_accumulation_steps * max_train_epochs + 1
num_warmup_steps = int(warmup_proportion * t_total)

print('warmup steps : %d' % num_warmup_steps)

no_decay = ['bias', 'LayerNorm.weight'] # no_decay = ['bias', 'LayerNorm.bias',
'LayerNorm.weight']
param_optimizer = list(model.named_parameters())
optimizer_grouped_parameters = [
  {'params':[p for n, p in param_optimizer if not any(nd in n for nd in no_decay)],
'weight_decay': weight_decay},
  {'params':[p for n, p in param_optimizer if any(nd in n for nd in no_decay)],
'weight_decay': 0.0}
]
optimizer = AdamW(optimizer_grouped_parameters, lr=learning_rate)
scheduler = get_linear_schedule_with_warmup(optimizer, num_warmup_steps=num_warmup_
steps, num_training_steps=t_total)
```

训练模型的代码如下。

```
loss_list = []
for e in range(max_train_epochs):
  print(e)
  loss_sum = 0
  c = 0
  dataloader_list = [x.__iter__() for x in dldx]
  j = 0
  for i in tqdm(range((len(data_list)//batch_size) + 5)):
    if len(dataloader_list) == 0:
        break
    j = j % len(dataloader_list)
```

```
try:
    batch = dataloader_list[j].__next__()
except StopIteration:
    dataloader_list.pop(j)
    continue
j += 1
input_ids, attention_mask, indexs = batch
input_ids = input_ids.to(device)
attention_mask = attention_mask.to(device)
outputs = model(input_ids, attention_mask=attention_mask, labels=input_ids)
loss, logits = outputs[:2]
loss_sum += loss.item()
c += 1
loss.backward()
optimizer.step()
scheduler.step()
optimizer.zero_grad()
print_cases()
print(loss_sum / c)
loss_list.append(loss_sum / c)
```

14.8 开发 HTML5 演示程序

本节将介绍使用 Flask 框架开发 HTML5 程序用于和用户交互并展示模型效果，实现用户输入上句，模型生成下句并实时显示在界面上。

14.8.1 目录结构

与第 13 章介绍的程序一样，本项目的 HTML 5 程序需要 main.py 文件、templates 文件夹和 static 文件夹，但 static 文件夹在本项目中不是必需的。

14.8.2 HTML5 界面

在 templates 目录下创建 index.html 文件，写入如下代码。与第 13 章类似，该文件用于定义基本界面，但本项目中使用的元素会有所不同。

```
<!DOCTYPE html>
<html lang="en">
 <head>
  <!-- Required meta tags -->
  <meta charset="utf-8">
  <meta name="viewport" content="width=device-width, initial-scale=1, shrink-to-fit=no">
```

```html
<!-- Bootstrap CSS -->
<link rel="stylesheet" href="https://maxcdn.bootstrapcdn.com/bootstrap/4.0.0-alpha.6/
css/bootstrap.min.css" integrity="sha384-rwoIResjU2yc3z8GV/NPeZWAv56rSmLldC3R/AzzGRn
GxQQKnKkoFVhFQhNUwEyJ" crossorigin="anonymous">
</head>
<body>
  <div class="container">
        <div class="jumbotron jumbotron-fluid">
          <div class="container">
              <h1 class="display-5">对诗模型</h1>
              <p class="lead">基于深度学习的诗文生成</p>
          </div>
          </div>
          <div id='sentences'>
          <label for="s1">上句1</label>
          <div class="input-group">
            <input type="text" class="form-control" id="s1">
          </div>

        </div>
        <br>
        <button type="submit" class="btn btn-success" onclick="">生成下句</button>
    </div>
  <!-- jQuery first, then Tether, then Bootstrap JS. -->
    <script src="https://code.jquery.com/jquery-3.1.1.slim.min.js" integrity="sha384-
A7FZj7v+d/sdmMqp/nOQwliLvUsJfDHW+k9Omg/a/EheAdgtzNs3hpfag6Ed950n" crossorigin="anonymous">
</script>
    <script src="https://cdnjs.cloudflare.com/ajax/libs/tether/1.4.0/js/tether.min.js"
integrity="sha384-DztdAPBWPRXSA/3eYEEUWrWCy7G5KFbe8fFjk5JAIxUYHKkDx6Qin1DkWx51bBrb"
crossorigin="anonymous"></script>
    <script src="https://maxcdn.bootstrapcdn.com/bootstrap/4.0.0-alpha.6/js/bootstrap.
min.js" integrity="sha384-vBWWzlZJ8ea9aCX4pEW3rVHjgjt7zpkNpZk+02D9phzyeVkE+jo0ieGizqPLForn"
crossorigin="anonymous"></script>
  </body>
</html>
```

这里同样使用 Bootstrap 库在界面中定义一个大标题，还有一个文本框让用户可以手动填写内容并单击"生成下句"按钮获取模型生成的对应文本。

在 mian.py 文件中写入该界面的入口。

```python
@app.route('/')
def index():
  return render_template('index.html')
```

再次运行 main.py 文件，访问 http://127.0.0.1:1234，界面效果如图 14.6 所示。

图 14.6　界面效果

现在的界面只能输入"上句 1"，单击"生成下句"按钮没有任何效果。下一步，需要给前端绑定事件。

14.8.3　创建前端事件

使用 JavaScript 语言定义向服务器发送上句字符串，接收服务器返回的结果，并更新前端界面的操作，界面中需要显示对应的下句，并新增另一个文本框让用户能够继续输入。在 index.html 文件的倒数第一行</html>和倒数第二行</body>之间插入以下代码。

```
let cur_id = 1;
function get_result() {
    alert("准备向服务器发送请求生成下句！");
    let xhr = new XMLHttpRequest();
    let target = document.getElementById('s' + cur_id);
    let v = target.value;
    xhr.open('GET', '/get_next/?s1=' + v);
  xhr.send();
    xhr.onreadystatechange = function(){
        if ( xhr.readyState == 4) {
                if (xhr.status == 200) {
                target.value = v;
                    target.disabled = true;
                    sentences.innerHTML += xhr.responseText;
                    cur_id ++;
                    sentences.innerHTML += '<label for="s'+cur_id+'">上句'+cur_id+
'</label> <div class="input-group"><input type="text" class="form-control" id="s'+cur_
id+'"></div>'
                }
            else {
                alert( xhr.responseText );
```

```
                    }
                }
        };
    }
```

这段代码使用 XMLHttpRequest 对象和服务器通信，发送文本框中的内容给服务器，在服务器返回结果后，再把结果显示在页面上。还需要把这段代码中的函数绑定到单击"生成下句"按钮的事件上，保证单击"生成下句"按钮就调用这个函数。找到定义"生成下句"按钮的那一行代码。

```
<button type="submit" class="btn btn-success">生成下句</button>
```

改为如下代码。

```
<button type="submit" class="btn btn-success" onclick="get_result()">生成下句</button>
```

重启 main.py 文件以刷新界面，单击"生成下句"按钮，先后出现了两个提示弹窗，如图 14.7 和图 14.8 所示。

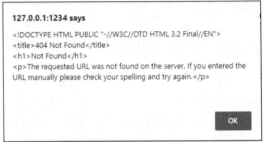

图 14.7　准备发送请求的提示　　　　　　　　　　图 14.8　遇到错误的提示

出现第二个提示的原因与第 13 章的相应情况完全一致，因为需要实现服务器的逻辑以返回正确的结果。

14.8.4　服务器逻辑

实现服务器端的逻辑，包括接受数据、载入模型、运行模型、解析结果、返回数据。

创建文件 model_gpt2.py，内容如下。

```
from transformers import GPT2LMHeadModel
from tokenizations import tokenization_bert_word_level as tokenization_bert
import time
time.clock = time.perf_counter


tokenizer = tokenization_bert.BertTokenizer(vocab_file="cache/vocab.txt")
model = GPT2LMHeadModel.from_pretrained('./GPT2')


import time
```

```python
import torch
time.clock = time.perf_counter
def top_k_top_p_filtering(logits, top_k=0, top_p=0.0, filter_value=-float('Inf')):
    """ Filter a distribution of logits using top-k and/or nucleus (top-p) filtering
        Args:
            logits: logits distribution shape (vocabulary size)
            top_k > 0: keep only top k tokens with highest probability (top-k filtering).
            top_p > 0.0: keep the top tokens with cumulative probability >= top_p (nucleus
filtering).
                Nucleus filtering is described in Holtzman et al. (http://arxiv.org/abs/
1904.09751)
        From: https://gist.github.com/thomwolf/1a5a29f6962089e871b94cbd09daf317
    """
    assert logits.dim() == 1  # batch size 1 for now - could be updated for more but
the code would be less clear
    top_k = min(top_k, logits.size(-1))  # Safety check
    if top_k > 0:
        # Remove all tokens with a probability less than the last token of the top-k
        indices_to_remove = logits < torch.topk(logits, top_k)[0][..., -1, None]
        logits[indices_to_remove] = filter_value

    if top_p > 0.0:
        sorted_logits, sorted_indices = torch.sort(logits, descending=True)
        cumulative_probs = torch.cumsum(F.softmax(sorted_logits, dim=-1), dim=-1)

        # Remove tokens with cumulative probability above the threshold
        sorted_indices_to_remove = cumulative_probs > top_p
        # Shift the indices to the right to keep also the first token above the threshold
        sorted_indices_to_remove[..., 1:] = sorted_indices_to_remove[..., :-1].clone()
        sorted_indices_to_remove[..., 0] = 0

        indices_to_remove = sorted_indices[sorted_indices_to_remove]
        logits[indices_to_remove] = filter_value
    return logits
def generate(model, context, length, temperature=1.0, top_k=30, top_p=0.0, device='cpu'):
    inputs = torch.LongTensor(context).view(1, -1).to(device)
    if len(context) > 1:
        _, past = model(inputs[:, :-1], None)[:2]
        prev = inputs[:, -1].view(1, -1)
    else:
        past = None
        prev = inputs
    generate = [] + context
    with torch.no_grad():
        for i in range(length):
            output = model(prev, past)
```

```
            output, past = output[:2]
            output = output[-1].squeeze(0) / temperature
            filtered_logits = top_k_top_p_filtering(output, top_k=top_k, top_p=top_p)
            next_token = torch.multinomial(torch.softmax(filtered_logits, dim=-1), num_
samples=1)
            generate.append(next_token.item())
            prev = next_token.view(1, 1)
    return generate
def is_word(word):
    for item in list(word):
        if item not in 'qwertyuiopasdfghjklzxcvbnm':
            return False
    return True
def get_next(s, temperature=1,topk=10, topp = 0, device='cpu'):
    context_tokens = tokenizer.convert_tokens_to_ids(tokenizer.tokenize(s))
    out = generate(
        model,
        context_tokens,
        len(s),
        temperature,
        top_k=topk,
        top_p=topp,
        device=device
    )
    text = tokenizer.convert_ids_to_tokens(out)
    for i, item in enumerate(text[:-1]):  # 确保英文前后有空格
        if is_word(item) and is_word(text[i + 1]):
            text[i] = item + ' '
    for i, item in enumerate(text):
        if item == '[MASK]':
            text[i] = ''
        elif item == '[CLS]':
            text[i] = '\n\n'
        elif item == '[SEP]':
            text[i] = '\n'
    text = ''.join(text).replace('##', '').strip()
    return text


print('模型载入成功！')
```

在 main.py 文件中导入 model_gpt2.py 文件中的 get_next 函数，并使用该函数创建一个 API。
修改后的 main.py 文件的代码如下。

```
from flask import Flask, request, render_template, session, redirect, url_for
from model_gpt2 import get_next

app = Flask(__name__)
```

```
@app.route('/')
def index():
  return render_template('index.html')

@app.route('/get_next/')
def get_next_sentence():
  s1 = request.args.get('s1', None)
  s = get_next(s1 + ', ')
  r = f'''<p>GPT2 Result: {s}</p>
  <hr>
  '''
  return r
if __name__=='__main__':
  app.run(host='0.0.0.0', port=1234)
```

因为需要载入模型，所以启动 main.py 文件的速度可能会比较慢。

注意：模型载入成功后会有"模型载入成功！"的提示，Flask 服务器启动成功后也会有提示，会显示监听的地址和端口号，出现该提示后才可以正常访问。

14.8.5 检验结果

访问 http://127.0.0.1:1234/。输入一个上句并单击"生成下句"按钮，即可获取模型生成的诗句，模型生成的诗句会显示在文本框下方，并且界面中会自动增加一个新的文本框。界面效果如图 14.9 所示。

图 14.9 界面效果

我们可以修改服务器程序，同时运行多个模型，并返回一句话的多种对法。

14.9　小结

本章使用 LSTM、Transformer 和 GPT-2 分别实现了对诗模型，并介绍了一些预处理数据的技巧。数据是训练模型的基础，很多时候数据的处理方法能够显著影响模型的效果。

参考文献

[1] TURING A M. Computing machinery and intelligence[J]. Mind, 1950, 59(236): 433-460.

[2] SHANNON C E. A Mathematical Theory of Communication[J]. The Bell System Technical Journal, 2001, 5(3): 3-55.

[3] ZHU Y, KIROS R, ZEMEL R, et al. Aligning Books and Movies: Towards Story-Like Visual Explanations by Watching Movies and Reading Books[J]. IEEE, 2015.

[4] D Masters, Luschi C. Revisiting Small Batch Training for Deep Neural Networks[J]. 2018.

[5] CARLINI N, TRAMER F, WALLACE E, et al. Extracting Training Data from Large Language Models[J]. 2020.

[6] LUO R, XU J, ZHANG Y, et al. PKUSEG: A Toolkit for Multi-Domain Chinese Word Segmentation[J]. 2019.

[7] VASWANI A, SHAZEER N, PARMAR N, et al. Attention Is All You Need[J]. arXiv, 2017.

[8] KINGMA D, BA J. Adam: A Method for Stochastic Optimization[J]. Computer Science, 2014.

[9] LOSHCHILOV I, HUTTER F. Decoupled Weight Decay Regularization[J]. 2017.

[10] GAO J, LI M, HUANG C N, et al. Chinese Word Segmentation and Named Entity Recognition: A Pragmatic Approach[J]. Computational Linguistics, 2005.

[11] KANDOLA E J, HOFMANN T, POGGIO T, et al. A Neural Probabilistic Language Model[M]. Springer Berlin Heidelberg, 2006.

[12] MIKOLOV T, CHEN K, CORRADO G, et al. Efficient Estimation of Word Representations in Vector Space[J]. Computer Science, 2013.

[13] GRAVES A. Generating Sequences With Recurrent Neural Networks[J]. Computer Science, 2013.

[14] CHO K, MERRIENBOER B V, GULCEHRE C, et al. Learning Phrase Representations using

RNN Encoder-Decoder for Statistical Machine Translation[J]. Computer Science, 2014.

[15] SUTSKEVER I, VINYALS O, LE Q V. Sequence to Sequence Learning with Neural Networks [J]. Advances in neural information processing systems, 2014.

[16] ITTI L. A Model of Saliency-based Visual Attention for Rapid Scene Analysis[J]. IEEE Trans, 1998, 20.

[17] MNIH V, HEESS N, GRAVES A, et al. Recurrent Models of Visual Attention[J]. Advances in Neural Information Processing Systems, 2014, 3.

[18] BAHDANAU D, CHO K, BENGIO Y. Neural Machine Translation by Jointly Learning to Align and Translate[J]. Computer Science, 2014.

[19] PAULUS R, XIONG C, SOCHER R. A Deep Reinforced Model for Abstractive Summarization [J]. 2017.

[20] WESTON J, CHOPRA S, BORDES A. Memory Networks[J]. Eprint Arxiv, 2014.

[21] XU K, BA J, KIROS R, et al. Show, Attend and Tell: Neural Image Caption Generation with Visual Attention[J]. Computer Science, 2015: 2048-2057.

[22] CHILD R, GRAY S, RADFORD A, et al. Generating Long Sequences with Sparse Transformers [J]. 2019.

[23] GEHRING J, AULI M, GRANGIER D, et al. Convolutional Sequence to Sequence Learning[J]. 2017.

[24] KIM Y. Convolutional Neural Networks for Sentence Classification[J]. Eprint Arxiv, 2014.

[25] HOFSTTTER S, ZAMANI H, MITRA B, et al. Local Self-Attention over Long Text for Efficient Document Retrieval[C]// SIGIR '20: The 43rd International ACM SIGIR conference on research and development in Information Retrieval. ACM, 2020.

[26] PETERS M, NEUMANN M, Iyyer M, et al. Deep Contextualized Word Representations[C]// Proceedings of the 2018 Conference of the North American Chapter of the Association for Computational Linguistics: Human Language Technologies, Volume 1 (Long Papers). 2018.

[27] RADFORD A. Language Models are Unsupervised Multitask Learners[J].2019.

[28] BROWN T B, MANN B, RYDER N, et al. Language Models are Few-Shot Learners[J]. 2020.

[29] DEVLIN J, CHANG M W, LEE K, et al. BERT: Pre-training of Deep Bidirectional Transformers for Language Understanding[J]. 2018.

[30] TAYLOR W L. "Cloze Procedure": A New Tool For Measuring Readability[J]. The journalism

quarterly, 1953, 30(4): 415-433.

[31] LIU Y, OTT M, GOYAL N, et al. RoBERTa: A Robustly Optimized BERT Pretraining Approach[J]. 2019.

[32] LAN Z, CHEN M, GOODMAN S, et al. ALBERT: A Lite BERT for Self-supervised Learning of Language Representations[J]. 2019.

[33] LIN T Y, GOYAL P, GIRSHICK R, et al. Focal Loss for Dense Object Detection[J]. IEEE Transactions on Pattern Analysis & Machine Intelligence, 2017 (99): 2999-3007.

[34] CAI Z, FAN Q, FE RIS R S, et al. A Unified Multi-scale Deep Convolutional Neural Network for Fast Object Detection[C]// European Conference on Computer Vision. Springer International Publishing, 2016.